与最聪明的人共同进化

U0156009

湛庐 CHEERS

HERE COMES EVERYBODY

CHEERS
湛庐

Why Concepts
Matter for Great Design

为什么概念对伟大的
设计很重要

软件
设计的
要素

Essence of
Software

[美] 丹尼尔·杰克逊　著
Daniel Jackson

浙江教育出版社·杭州

何雯　赵丹　译

你了解爆款软件是如何诞生的吗？

扫码加入书架
领取阅读激励

- 成功开发一款软件的决定因素是：（　）

    A. 遵循管理流程

    B. 构造清晰的代码

    C. 有明确的设计目的

    D. 使用最新的编程语言和工具

扫码获取全部测试题及答案，
一起了解好的软件应具备的
设计要素

- 假设你正为一家餐厅设计预订软件，你无需考虑的是：（　）

    A. 预订者的网速

    B. 预订者的用餐时间

    C. 取消预订的规则

    D. 预订者与餐厅座位之间的关系

- 为了增加软件的清晰度，开发人员应该保证以下哪两项——对应：（　）

    A. 资金和目的

    B. 概念和逻辑

    C. 概念和目的

    D. 概念和资金

扫描左侧二维码查看本书更多测试题

献给我的父母

像工程师一样思考

韦青
微软（中国）公司首席技术官

何为工程师？首先我们要理解何为工程。按照《说文解字》的解释，"工"有巧饰的意思。南唐文字训诂学家徐锴说："为巧必遵规矩、法度，然后为工。""程"有路程、过程、步骤或者规程的含义。"工"与"程"二字结合起来，就是按照一定的流程、标准和规则精巧地创造有价值的器物和培养能力的过程。再加上一个"师"字，强调的就不仅是做这件事的过程与结果了，还强调做这件事的人。

中国是一个工程师大国，依靠着千百万名勤勤恳恳、任劳任怨的工程师，为人类做出了众多伟大的工程成就，为百姓福祉、社会进步、民族复兴和国家兴盛做出了巨大的贡献。但我认为，工程师作为一种极具专业性的职业，并未得到应有的关注和尊重。

人们很容易凭表象把工程师理解成一群只知"苦哈哈"埋头工作、缺乏情趣之人。同时，由于社会，甚至包括工程师群体自身对工程师这种职业的偏见、轻视或者抵触，人们经常不重视工程师这种伟大职业的终身能力培养，过多地把心思放在对工程师职称的计较上，有时甚至会为应该称某人为工程师还是高级工程师而争得面红耳赤。殊不知，工程师是一种值得一个人终身追求的"职业"，为人类做贡献则是这种伟大职业的职责。一名工程师可以因为对社会做出的贡献而获得应有的"职称"，但是反过来，如果有了职称而没有实现对社会的贡献和自身能力的终身培养，那么这种职称反而会成为阻碍自身发展甚至破坏自身职业成长的枷锁。

"卓越工程师系列"的两位作者，一位是来自优步、雅虎等顶尖企业的工程主管威尔·拉森（Will Larson），他是享誉世界的工程师，他通过《技术领导力的要素》(Staff Engineer) 与《工程管理的要素》(An Elegant Puzzle) 两本书告诉我们，一名工程师的成长路径是怎样的。一名优秀的工程师，绝不会仅靠努力工作就能实现自己的追求；一名优秀的工程领导，也绝不会仅凭拥有一个看似耀眼的头衔就能够管理好工程项目与团队。

对一名工程师而言，对技术的掌控力和对技术趋势的洞察力是其最基本的技能。除此之外，所有人应有的"软实力"，比如待人接物、组织建设、协调沟通、推广交流和应对复杂与不确定性的本领与实践，也是一名工程师不可或缺的基础能力。为什么？因为工程师也是人，或者说，工程师首先是人。

在本系列的第三本书《软件设计的要素》中，作者丹尼尔·杰克逊向工程师们提出了一个尖锐的问题：为什么有些软件设计得一鸣惊人，而有些却一败涂地？软件是一个复杂的巨系统，这本书以系统化的视角和以人为本的价值观，为软件设计者提供了一个全新的变革性视角。

在我看来，要想成长为一名优秀的工程师，首先要学会如何做人。人都做不好，如何做好一名工程师？

其次，要有科学精神和技术能力。想要高效解决复杂系统性问题，预见尚不存在的"结构"，做到跨越性创新，工程师思维是一个可以安心依靠的利器。

工程师不只要做事，而且要务实且有效地做事。工程方法与科学精神和技术能力构成一个有机的整体，相辅相成，唯一的不同是侧重点不同。科学重在永无止境地探索，不怕犯错，永远在改错的路上；技术重在能力的提高，不断利用科学知识的进步和工程实现的结果拓展技术能力的边界；而工程方法则是在有限的条件下灵巧、务实地实现人类的共同目标。

那么如何"务实"，如何"探索"，如何"提高"，如何"灵巧"？这就是湛庐文化"卓越工程师系列"图书希望给读者带来的答案。

要是由我来总结，我可以说这套书是由两名始终在工程一线的工程师写下来的实践之学，不是让我们照搬照抄的，而是拿来借鉴和体悟的。如同近来大火的《奥本海默》电影中的一句台词："……理论只能把你带到这么远……"剩下的都是工程的实践，但实践是最难的，因为它要变成一种习惯。

悟性就在你的脚下。

概念，一种全新的软件设计方式

我很高兴这本书被翻译成中文，并有机会与读者分享我的想法，这不仅是因为中国软件行业的快速发展，还因为中国的研究人员在塑造软件未来方面发挥着越来越重要的作用。

自从这本书的英文版发行（2021 年 12 月）以来，已经过去了两年多。我现在对这本书中的观点有了新的看法。这本书获得的热烈反响让我感到振奋，但我也意识到，我本可以更直接地指出概念设计是如何提供了一种新的、非常不同的软件设计和构建方式。

我想在这里概述一下这本书的一些关键创新内容，使读者提前了解它们。所有这些（除了最后一个）都在书中有详细讨论。

概念与概念模型

概念模型是软件核心的想法可以追溯到 20 世纪 80 年代以用户为中心的计算模型的出现。在那个年代，特别有影响力的还有唐纳德·诺曼（Donald Norman）的著作《日常事物的设计》（*The Design of Everyday Things*），其中心思想是机器（无论是不是软件）用户的心智模型必须与设计师的心智模型一致，因为后者的心智模型代表了机器的实际运作方式。根据诺曼的说法，设计师的任务是在用户界面中"投射"这个底层的模型。诺曼在他的书中举了一个例子，一个典型的美国冰箱有两个控制装置，一个标有"新鲜食品室"，一个标有"冷冻室"，这给人的印象是两个控制装置分别控制其对应冰箱室的温度。但实际上，正如诺曼解释的那样，一个控制装置负责调整两个冰箱室共用的压缩机，另一个控制装置负责调整一个阀门，该阀门决定了流向每个冰箱室的冷空气比例。诺曼指出，这种冰箱的设置使得成功操作冰箱几近不可能，比如，关闭标有"冷冻室"的控制装置会启动压缩机并使冷冻室和新鲜食品室都变得更冷。

多年前，当我第一次读到《日常事物的设计》这本书时，我以为这是对底层设计模型的批判。但仔细阅读后，我意识到这里的重点不在于该模型，而在于模型在用户界面中的"投射"或呈现方式。诺曼承认，即使用户有正确的心智模型，冰箱仍然难以使用。但这不是分析的重点，也不是概念模型思想的实质。诺曼在书中的分析主要关于心理学（这本书的第一版书名就叫《日常事物的心理学》），这本书与其说是关于底层机制的设计，不如说是关于用户界面的设计。

而我这本书中的概念思想非常不同。《软件设计的要素》的重点不在于底层概念模型的投射，而在于概念模型的设计，即塑造概念使其满足用户的需求。概念与其说是心理上的，不如说是计算上的。这本书表明，如果基本概念不正确，就没有办法在用户界面中解决这个问题。此外，对于冰箱这种物理实体来说，很难改变其底层的概念模型（例如，因为每个冰箱室拥有单独的恒温器和压缩机太昂贵了）；而对于软件来说，底层概念的设计没有这样的限制。如果说概念有任何成本，那么这种成本恰恰是由于概念与用户需求之间的不匹配以及由此产生的复杂性带来的。

分解概念

概念在理解软件中起着重要作用，这个想法也许并不新鲜。但这些概念究竟是什么？在本书之前，概念是模糊的，这使得很难在软件中识别概念。更糟糕的是，即使我们能够在许多不同的软件中识别出同一些概念，我们也没有办法分解这些概念并一次描述一个。在我的书中，我提出了一个简单而灵活的概念定义：概念是一种独立的服务，由状态和操作组成，它能实现用户的目的。我将展示如何一次定义一个概念，并将它们组合在一起（但不会使它们相互依赖）。

创新的简单性

创新和创业专家经常争辩说，成功来自于一个简单而精确的想法。概念设计提供了一种将这一专家建议付诸实践的方法。创新设计通常依赖于一两个关键概念，这些概念将其与现有设计或竞争对手的设计区分开来。这些关键概念抓住了创新的本质，其成功（或失败）将取决于它们给用户带来了多少价值。例如，图层概念是 Adobe Photoshop 成功的原因，它完全改变了这个软件的轨迹。

不过，关键概念不需要都像图层概念那样微妙。Zoom 因其会议概念主导了视频会议市场，它允许一个人提前创建会议，然后将链接发送给其他人，其他人甚至没有 Zoom 账号也可以选择加入会议。相比之下，以前的视频会议软件使用呼叫概念，该概念源于电话，参与者由发起者手动添加到会议中，并要求每个参与者在会议开始时就在场。一旦用户体验过会议概念，就知道呼叫概念完全不切实际！

概念模块化

概念可以使软件实现更广泛的模块化。当我在麻省理工学院教学生如何进行概念设计以及如何实现他们的设计时，我开始意识到概念设计与传统的面向对象的设计有多么不同。面向对象的设计通常将与对象类型关联的所有状态和功能归为一个类别，这往往会将完全不相关的模块状态和功能组合在一起，更糟糕的是，会将功能分散到多个类别中。

例如，假设设计一个拼车软件，该软件将可能一起乘车的用户联系在一起，并规划他们的路线。在传统的面向对象的设计中，该软件可能有一个具有用户属性（例如用户名和密码、家庭和工作地址、首选出发时间等）的用户类别，也可能有一个包含用户和路线等的拼车类别。

这种设计的问题在于用户类别包含属于用户身份验证的功能以及属于拼车类别的功能；本该属于拼车类别的功能却被分散在两个类别中。在概念设计中，只需要定义一个用于用户身份验证的概念和一个用于拼车的概念，每个概念仅包含相关的功能和状态。

虽然这本书没有讨论实现，但通过将每个概念都变成一个模块来编写概念设计是很简单的。在 Web 软件中，概念之间的同步成为调用概念操作的控制器的功能。

大语言模型的影响

在我的书出版时，GPT 还没有问世。毫无疑问，像 GPT 这样的大语言模型（LLM）将极大地改变软件开发实践。我对概念设计与 LLM 的契合方式感到非常兴奋。例如，LLM 非常擅长生成少量代码，但不能构建整个软件。概念似乎恰好提供了基于 LLM 的代码生成所需的模块化。软件设计师可以使用 LLM 为每个概念生成代码，然后通过概念组合来构建整个软件。这是我的研究小组正在研究的一种方法。

我的书出版后，一家大型美国软件公司已将概念设计作为其软件开发过程的核心。引入概念直接赋予了设计师权力；特别是产品经理，他们被赋予了更大的责任，确保所有的概念在公司生产的不同产品中以一致的方式运行。更令人惊讶的是，概念似乎有助于使不同的工作保持一致，例如将营销、销售和工程结合在一起，以便每位工作人员都对公司产品的本质有着相同的理解。

不管你在软件设计中担任什么角色，我都希望你会喜欢这本书，并且希望这本书让你以新的方式思考软件及其设计。

为什么有些设计如此成功，而另一些却如此失败

微狂者（micromaniac）指癖迷于将事物简化到极致的人。顺便说一下，字典里并没有这个词。

——爱德华·德波米安（Edouard de Pomiane）

《十分钟法式烹饪》（*French Cooking in Ten Minutes*）

概念设计是一个简单的理念，你无须掌握任何复杂的技术就可以将其应用在软件的使用或设计中。我举的很多概念示例都是生活中常见的。因此，如果你在阅读本书后认为概念是一种自然而然甚至显而易见的用以思考软件的角度，并且认为你学到的只不过是实现设计想法的一种系统框架，那么这本书就达到了它的目的。

但是，即使这本书的主题看起来很常见，并且引起了你的共鸣，但我猜想对于许多读者来说，这种思考软件的新方式也会让他们感到迷惑，至少一开始

会这样。尽管软件设计师几十年来一直在谈论概念模型及其重要性，但是概念从未被放在软件设计的中心位置。如果采用概念来描述每个软件或者系统，那么设计将会是什么样子？这些概念到底是什么？它们是如何构建的？软件设计师又是如何将它们组合在一起形成一个整体软件的？

我对本书进行了特别的编排，以便抱有不同目的的读者可以在书中经历不同的旅程。有些读者可能希望尽快用本书的内容指导实践；其他一些想要更深入了解的读者则可能愿意跟随我暂离主路，略微绕行。这个前言可以帮助不同的读者规划自己的路线。

如果你也对软件设计感兴趣

简而言之，本书的目标读者是任何对软件、设计或可用性感兴趣的人。你可能是程序员、软件架构师或用户交互设计师，也可能是顾问、分析师、项目经理或营销人员，还可能是计算机科学专业的学生、教师或研究人员，或者只是像我一样，喜欢思考这些问题：为什么这样设计，以及为什么有些设计如此成功，而另一些却如此失败。

本书不需要读者具备计算机科学或编程的知识。虽然书中的许多原理可以用逻辑语言更精确地表达出来，但并不需要读者具有数学背景。为了尽可能吸引更广大的读者，我从各种广泛使用的软件中寻找案例，不管这些软件是文字处理软件还是社交媒体平台。因此，每个读者都可能遇到一些易于理解的案例，也可能遇到一些需要付出一定努力才能明白的案例。

我希望阅读本书能为你带来另一个好处：更扎实地掌握那些你正在使用但还未能完全理解的软件。

软件设计令人兴奋，也需要智力

本书有三个相互关联的目标。第一个目标是介绍一些简单的技术，软件设计师可以立即运用这些技术来提高设计的质量。本书可以帮助你确认并厘清基本的概念，阐明这些概念并使它们变得清晰和更具健壮性。无论你处于设计的什么阶段，是最初想象和塑造软件的战略设计阶段，还是已明确软件与用户交互的每个细节的晚期阶段，这本书都能帮助你更好地设计软件。

第二个目标是提供一个看待软件的全新视角，这样你不仅可以将软件视为大量功能交织的组合，还可以将其视为概念的系统组合。其中有一些概念是经典且易于理解的，而另一些则是新颖且独特的。有了这个新的视角，软件设计师可以更有效地专注于他们的工作；用户可以更清晰地理解软件，这样双方都能够更充分地挖掘软件的全部潜力。

第三个也是最后一个目标，这个目标更具一般意义，也许因此更容易实现，那就是为了让从事软件应用和开发的研究人员和从业者相信，软件设计是一门令人兴奋且需要智力的学科。

在过去的几十年里，尽管人们越来越认识到软件设计的重要性，但对它的兴趣已经减弱了，尤其是在面向用户的方面。这种现象的部分原因是人们存在一种误解，认为内在的设计对软件几乎没用。这样的判断是主观的，或者我们可将其视为心理或社会问题，该判断更多的是关注用户，而不是软件本身。

在我看来，经验主义在软件实践中的兴起，是由于人们认识到，即使是最好的设计，也会存在某些只有通过用户测试才能发现的缺陷。这削弱了我们对设计的热情，也让很多人开始怀疑设计专业的价值。但我相信，在绝大多数时候，我们对软件设计缺乏敬意和认知，是由于我们关于软件可用性的想法更多地基于不可靠的经验，而不是基于丰富的理论。我希望通过这本书能证明这样的理论确实存在，并鼓励他人进一步发展和完善这些理论。

如何选择适合自己的阅读方式

根据你的目标，你可以采用不同的方式阅读本书。这里将帮你了解本书的结构以及每部分的内容。

引言解释了我为什么写这本书，以及我感兴趣的这个问题为什么在其他领域，如在人机交互、软件工程和设计思维领域中还没有得到解决。第一部分包含两章。在第 1 章，我们将看到第一个概念案例，以及概念对可用性的影响，我还将说明概念设计在用户体验中的首要地位。第 2 章列出了概念对软件差异化和数字化转型的关键作用。

第二部分是本书的核心。其中第 3 章明确阐述了什么是概念以及它的构成。第 4 章介绍了概念目的，它是软件设计的动机和标准。第 5 章展示了如何将软件或系统理解为通过简单但强大的同步机制组合在一起的概念，解释了同步机制的过度与不足对可用性的影响。更微妙的是，有一些我们在传统上认为复杂和不可分割的特征，可以理解为不同概念的协同组合。第 6 章展示了将概念映射到用户界面并不总像想象的那样简单，并且有时设计的问题不在于概念本身，而在于用户界面的实现方式。第 7 章介绍了一种方法，可以从高层次上将软件结构视为相互依赖的概念集合。概念的有效运作需要的不只是概念之间的相互关联，因为某些概念组合只有在软件中才是有意义的。

第三部分介绍了概念设计的三个关键原则：概念应该是具体的，与目的一一对应；概念应该是人们熟悉的；概念应该是完整的。

从第 1 章开始到第 10 章，每章都由内容的预览来引入。你可以提前阅读这部分，以便快速了解每章的内容。

如果你想直接深入了解本书的主要内容，可以从第二部分开始阅读，第一部分也可以作为结论来阅读，这一部分总结了本书可以应用的思想。每章末尾都有可以立即应用的练习。

简洁之外

这本书几乎一半的内容是供读者探索与发散的附录。我之所以这样编排，是因为我想让这本书的主体尽可能简洁，同时附录部分也能更细致地解释我提出的方法及其与已有设计理论的联系。所以本书的主体部分没有对设计工作的细致讨论，甚至没有引用，因此忽略了许多微妙的观点以及我的许多更具一般意义的想法。

附录弥补了这些省略的内容。在这部分，我不仅引用了相关的文献，而且尝试把它们放在具体场景中解释它们的重要性。我更详细地解释了概念设计的显著特征，并给出了一些需要更多背景知识或更加努力才能理解的案例。我无法完全抵制强烈批评的诱惑，例如，我反对蔓延的经验主义，也反对只关注消除软件的缺陷。但我至少将这些批评放在了文后。①

工作中的微狂者

德波米安是《十分钟法式烹饪》一书的作者，他在介绍自己时承认自己是

---

① 考虑到环保的因素，也为了节省纸张、降低图书定价，我们将本书的附录制成了电子版，详情请见第 222 页。——编者注

一个微狂者。我欣然承认自己有同样的毛病。我不想听什么"一个设计的失败或成功有无数莫名其妙的原因"。就算有时这些原因是真的，指出它们又有什么用呢？我想抓住本质，指出设计的关键，正是这些关键既可能使软件取得令人眩目的成功，也可能导致整个行业陷入困境。

我并不天真，我知道在设计中考虑多种因素是明智且合理的，尤其是在分析问题的原因时，但这并不是从以前的经验中吸取教训的最有价值的方式。要做到真正吸取教训，我觉得我们都需要成为微狂者，在寻找一个难以捉摸但有力的解释时专注于最微小的细节，这种解释能提供一种持续且可广泛应用的经验。所以请注意：魔鬼在细节中，天使也在。

The Essence of Software

引 言

一场富有成效和愉快的对话

当我还是一名物理学专业的本科生时，我为 $F = ma$ 这样的简单方程式着迷，因为它如此简单，却能解释世界。后来我成为一名程序员，之后又成为一名计算机科学研究人员，我又为形式化方法领域着迷，因为形式化方法如此简单，却能表达软件的本质。

设计的热情

在获得博士学位后的 30 年里，我主要在研究 Alloy，这是一种用于描述软件设计并对其进行自动分析的语言。对我来说，这个研究是一段令人兴奋和满意的旅程，但随着时间的推移，我逐渐意识到软件的本质并不在于任何逻辑或分析。真正让我着迷的不是困扰大多数形式化方法研究者的问题，即如何检查软件的行为是否完全符合其规范，而是设计问题。

我这里指的"设计",与在其他设计学科中的意义是一致的,即创造某些组件以满足人类的需求。正如建筑师克里斯托弗·亚历山大(Christopher Alexander)所说,设计就是创造一种适应场景的形式。对于软件来说,这意味着决定软件的运行方式应该是什么:它能提供什么样的操作,以及给出什么样的响应。这些问题没有正确或错误的答案,只有更好或更坏的答案。

我想知道为什么有一些软件看起来如此自然和简洁,一旦你掌握了基本操作,就总能得到符合预期的响应,并让你可以高效地组合使用软件中的功能。我想指出为什么有些软件看起来有问题:杂乱无章、充斥着不必要的复杂性、不按预期且以不一致的方式运行。当然,我想一定有一些基本的原则和一些软件设计的理论可以解释这一切,不仅可以解释为什么有些软件是好产品,而有些软件不是,而且可以帮助你在出现问题的第一时间解决问题,甚至避免问题的出现。

发散与收敛,设计的新思维

我开始寻找可行的理论。在我自己的子领域,即在形式化方法、软件工程和编程语言中,存在这样一种名为"内部设计"的理论,即代码结构的设计。程序员拥有丰富的设计语言,以及用于区分好设计和差设计的完善标准,但在面向用户的软件设计中,没有这样的语言或标准能够决定软件作为一种形式在应用场景中为用户带来什么样的体验。

代码结构的设计非常重要,它主要影响软件工程师说的"可维护性",可维护性表示随着用户需求的演变而变更代码的难易程度。代码结构的设计还影响软件性能和可靠性。但是,决定一个软件是否有用,是否满足用户需求的关键之处在于软件的设计,它塑造了软件的功能及其和用户交互的方式。

可维护性、性能和可靠性这些大问题曾经在计算机科学中很重要。在软件工程领域，它们出现在软件设计、规格说明和用户需求的研讨会上；在人机交互（human-computer interaction，HCI）领域，它们渗透到用户界面和用户行为计算模型的早期工作中。

但随着时间的推移，这些大问题变得不那么流行，并逐渐消失了。软件工程的研究范围越来越窄，消除缺陷（无论是通过测试还是更复杂的方法，如程序验证）成为软件质量的代名词。但是这种方法并不能实现目标，因为如果软件设计有错误，无论做多少消除缺陷的工作都无法修复整个系统，除非回到最初修复设计本身。

人机交互的研究转向了新型交互技术、工具和框架，转向了小众领域和其他学科，如民族学和社会学。软件工程和人机交互都热情地接受了经验主义，这在很大程度上是因为人们误以为这样会使这些研究赢得尊重。研发人员想要发现有效可行的具体方法，于是转向了那些更容易评估、不那么耗时费力的项目，这阻碍了他们在更大、更重要问题上的进展。

令人疑惑的是，尽管人们对设计的兴趣似乎已经减弱，但设计的话题却无处不在。这实际上并不矛盾。这些话题几乎都是关于设计过程的，无论是关于"设计思维"（"迭代设计过程"的一种好听的说法），还是关于敏捷开发。只要审慎地应用这些设计过程，而不是将其当作万能灵药，这些设计过程无疑是有价值的，但它们在很大程度上是与内容无关的。我的意思不是贬低它们，而是描述事实。例如，基于设计思维，你可能会结合自己对问题的理解来制订解决方案，或者交替使用头脑风暴（发散）和多中择优（收敛）的方法。但在我读过的有关设计思维的书中，没有一本书深入讨论任何特定的设计以及如何使用发散和收敛这两种方法进行设计。设计思维可以独立于任何特定领域，这可能是其具有广泛吸引力和适用性的关键，但这也是它对软件设计这种特定领域面临的深层挑战没有任何洞见的原因。

清晰和简洁的设计

当我开始做 Alloy 研究时，我的目标是创建一种适于自动分析的设计语言。我对已有的建模和规范语言持批评态度，因为它们缺乏支持的工具，这导致它们只能写下代码设计。这种负面的论断并非完全没有道理。毕竟，如果你不能用它做任何事情，为什么还要费心地构建一个复杂的设计模型呢？我认为，设计师的努力应该得到立即的反馈，通过各种令人吃惊的情况，让他们能够对自己的设计产生更深入的思考。

我不认为我错了，Alloy 的自动化也确实改变了设计建模的体验，但我低估了写下代码设计的价值。事实上，在形式化方法研究人员（他们渴望通过在现有的设计中发现缺陷来证明工具的有效性）中这并不是一个严格保守的秘密，即大部分缺陷在工具运行之前就被检测到了！仅仅把设计转成逻辑就足以揭示出严重的问题。软件工程研究人员迈克尔·杰克逊（Michael Jackson）认为，逻辑本身并不重要，重要的是它们的使用难度。他曾开玩笑地说，如果只是要求设计师简单地使用拉丁文记录设计，那么软件系统的质量可能就会得到提高。

设计的清晰有助于事后发现设计缺陷，这也是优秀设计的关键所在。在过去 30 年教授编程和软件工程的过程中，我越来越相信，在开发软件时，成功的决定因素不在于使用了最新的编程语言和工具，或者遵循了管理流程（敏捷或其他方式），甚至不在于如何构造代码，而在于知道自己想要做什么。如果你的目标很明确，设计也很清晰，即你清楚地知道设计应该如何满足目标，那么你的代码也会很清晰。如果出了问题，我们也会很清楚如何解决。

正是这种清晰性将优秀的软件与其他软件区分开。1984 年，当苹果公司的麦金塔（Macintosh）电脑问世时，人们立刻就知道如何使用文件夹来整理文件，以前操作系统的复杂性似乎消失了，比如 Unix，它在文件夹之间移动文件的命令很复杂。

但这种清晰性到底是什么，又是如何实现的呢？早在 20 世纪 60 年代，人们就认识到概念模型的核心作用。软件设计的挑战不仅是将软件的概念模型传递给用户，以使用户的心智模型可以与程序员保持一致，而且是将概念模型当作设计主题本身。有了正确的概念模型，软件就会易于理解，从而易于使用。这是一个非常好的想法，但似乎没有人去遵循它，所以直到现在，概念模型仍然是一个模糊但鼓舞人心的概念。

概念模型，软件风靡的本质

我确信概念模型是软件的本质。大约在 8 年前，我就开始试图弄清楚概念模型可能是什么，我想给出它们的具体定义，这样我就可以指出一些软件的概念模型，并将它们与其他软件以及用户的心智模型进行比较，并在讨论设计时给出明确的重点。

这看起来没那么难。毕竟，对概念模型看似合理的切入点可能就是对软件行为进行描述，即适当抽象以去除非主要和非概念性的方面，比如用户界面的细节。在概念模型中找到合适的结构是更困难的，这已得到证明。我有一种想法，即概念模型应该是由概念组成的，但我不知道概念是什么。

例如，在 Facebook 这样的社交媒体软件中，我觉得应该有一个与"喜欢"相关的概念。这个概念当然不是一个功能或操作，例如通过点击一个按键，表示喜欢一个帖子。这样的例子太多了，它们只表现了概念模型的一部分。这个概念当然也不是一个对象或实体，因为这个概念似乎表示对象或实体与喜欢之间的关系。对我来说很重要的一点是，喜欢概念似乎与任何特定类型的事物无关，你可以喜欢帖子、评论、页面等。在编程术语中，这个概念是"泛型的"或"多态的"。

这是对话的开始，而非结束

　　这本书是我探索至今的成果。在广泛应用的软件中存在的数十个设计问题的驱动下，我开发了一种新的软件设计方法，并在此过程中对这一方法进行了改进和测试。令人高兴的是，每个软件的失败或遇到的挫折都成为我丰富案例库的契机，当我的分析深入揭示出软件设计师面临的复杂问题时，我对他们有了更多的同情和尊重。

　　当然，软件设计的问题还没有得到解决。但正如我的朋友克尔斯滕·奥尔森（Kirsten Olson）的明智建议那样，一本书应该是开启对话，而不是结束对话。在对本书主题进行多次讨论的过程中，我激动地发现，它似乎比我以前的任何一个研究主题都更能引起观众的共鸣。我怀疑这是因为软件设计是我们都想讨论的话题，但我们还不知道如何进行讨论。

　　所以，对于作为研究人员、软件设计师和用户的读者，我把这本书作为我们对话的开场白，并希望这是一场富有成效和愉快的对话。

The Essence of Software

第一部分

概念，设计引爆与出圈的核心

The Essence
of Software

01

概念就像分子，
成功的软件不可或缺

▶ 软件中的可用性问题，经常可以追溯到其底层概念。例如，在 Dropbox 中，"删除"操作会引起其他用户的困惑，而采用 Unix 文件夹概念则可以解释 Dropbox 为什么有这一缺陷。

▶ 软件设计在三个层次上得以实现：物理层次，包括设计按键、布局和手势，这个层次对应用户的物理和认知能力；语言层次，包括设计与用户交流的图标、提示信息和术语；概念层次，包括将底层行为设计为一系列概念。较低的两个层次，即物理层次和语言层次，主要关注用户界面中的概念表达。

▶ 用户拥有正确的心智模型对于软件的可用性至关重要。为了确保这一点，我们需要设计简单明了的概念，并将这些概念通过用户界面表现出来，使得这些概念易于理解和使用。

一个软件，从运行于手机上的最小程序到大型的企业系统，都是由概念组成的，每个概念都是独立的功能单元。尽管概念为一个更大的目标协同工作，但我们也可以将它们视为相互独立的个体。如果将软件视作一种化学混合物，那么概念就像是分子：**虽然相互结合在一起，但无论在哪里出现，它们的属性和行为都是相似的。**

你对很多概念已经很熟悉了，并知道如何与它们进行互动。你知道如何打电话或预订餐厅，如何在社交媒体的论坛中为评论点赞，以及如何在文件夹中整理文件。一个包含常见概念且设计良好的软件会更加易于使用，只要软件设计师可以将这个概念在用户界面中忠实地呈现出来，并通过编程正确地实现这个概念。相比之下，一个概念复杂或烦琐的软件不太可能带来良好的用户体验，不管它的呈现形式多么出众或算法多么高明。

概念没有可视化的形式，它们非常抽象，这也许就是概念直到现在还没能成为人们关注的焦点的原因。我希望本书的内容可以让你相信，通过从概念的角度进行思考，并通过"看穿"用户界面背后的概念，你能够更深入地理解软件，从而更有效地使用它、更好地设计它、更精确地诊断缺陷，并在设计新的软件时更有重点，也更有信心。

我们通常不会去想正常运转的东西是如何工作的，除非它出了问题。你本以为家里的热水器可以源源不断地产生热水，直到有一天，家里有人洗澡的时间过长，轮到你洗澡时水变凉了，此时你可能才会意识到热水器是一个容量有限的储水箱。

同样，要想了解概念，我们需要看看当它们出问题时会发生什么。因此，本书的大部分内容都是失败的概念案例，这些案例发生在看似不可能的场景中，或者难以理解。在本章中，我们将看到关于概念的第一批案例，以及它们如何解释软件一些意想不到的或令人惊讶的复杂行为。

但你不要因此就排斥概念，或者认为概念的思想是模糊的、复杂的。相反，概念的思想简单明了，采用概念能够帮助你设计出比我们现在使用的大部分软件更简单、更强大的软件。

令人困惑的备份

为了避免我的工作遭受磁盘损坏或意外删除的影响，我使用了一个很棒的备份软件 Backblaze，它可以将文件复制到云端，并在用户需要的时候恢复文件的旧版本。它在后台持续运行，"监视"着电脑里的每个文件，如果文件发生变化，它就会即时将其复制到云端。

最近，我编辑了一段视频，我想在删除旧版本以腾出存储空间之前，确保新版本已有备份。我检查了备份的状态，它显示"你已备份：今天下午 1:05"。因为我确实是在下午 1:05 之前编辑了这个视频，所以我认为它有了备份。但当我试着从云端恢复这个视频时，才发现那里并没有它的备份。

我联系了 Backblaze 的技术支持人员，他们跟我解释说，Backblaze 并不是持续备份文件的，而是通过定期的扫描，汇总出新的或修改过的文件列表；当下一次进行备份时，只有该列表上的文件才会被上传到云端。因此，两次扫描之间发生的文件变化，得在下一次扫描时才会被发现。

他们告诉我，我可以单击"立即备份"按键来强制 Backblaze 重新进行扫描。我听从了这个建议，然后等待扫描和后续备份的完成。这时我相信新视频一定会出现在上传云端的列表中了！然而我并没有这么幸运。我已经完全糊涂了，于是再次请求帮助。原来，我的视频已经上传了，但只是上传到一个特殊的"暂存"区域，文件要每隔几小时才会从这个区域移动到恢复区域。

我的问题在于误解了 Backblaze 中关键的备份概念。我曾设想文件是持续上传的，并直接移动到恢复区域（见图 1-1a）。但实际上，Backblaze 只上传最近一次扫描生成的列表上的文件，并且在从"暂存"区域传输到恢复区域之前的一段时间里，用户仍然无法下载这些文件（见图 1-1b）。

这只是一个小例子，但它表达了我的关键要点。我并不是想说明 Backblaze 的设计存在缺陷，尽管我认为它的确还可以得到改进（见第 7 章）。当然，如果我只按照表面的意思去理解备份，而不知道有扫描这样一件事，我可能就会丢失一些重要的文件。

我想表达的是，任何关于设计的讨论都必须围绕基本概念（在这个例子中就是备份概念），并评估概念采用的行为模式是否符合它的目的。用户界面也很重要，但在一定程度上用户界面只是服务于概念，并将概念呈现给用户。如果我们想让软件更好用，就必须从概念着手。

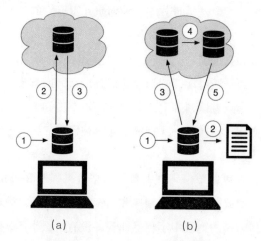

图 1-1　Backblaze 的运行模式

注：图 a 是我的假设：①我修改了一个文件；② Backblaze 运行备份时，将文件复制到
　　云端；③我从云端恢复文件。图 b 是实际情况：①我修改了一个文件；② Backblaze
　　运行扫描并将该文件添加到要备份的文件列表中；③ Backblaze 运行备份，只将
　　上次扫描中添加到列表的文件复制到云端；④ Backblaze 定期将备份文件移动到
　　云端的恢复区域；⑤我从恢复区域恢复文件。

Dropbox 的"共享"错觉

　　我朋友的笔记本电脑的存储空间快用完了。因此，她聪明地将文件按大小
进行了排序，并从上到下查看列表，看看是否可以删除一些占用太多存储空间
且已经不用的文件。她找出了十几份这样的文件，然后直接删除了它们。几分
钟后，她接到了老板惊慌失措的电话，问她一个包含重要项目数据的大文件怎
么不见了。

　　要知道到底是哪里出了问题，我们需要了解 Dropbox 的一些关键概念。

Dropbox 是一种流行的文件共享软件，允许多个用户查看共享的文件或文件夹，并协作更新它们。为了保持这种共享的"错觉"，Dropbox 会将一个用户做出的更改同步给其他用户。那么问题是：Dropbox 会在什么情况下同步什么样的更改？

艾娃（Ava）是一名派对策划人，她用 Dropbox 与客户进行沟通。她正在为贝拉（Bella）准备一个派对，所以她创建了一个名为"贝拉派对"（Bella Party）的文件夹，并把它共享给贝拉（见图 1-2）。无论艾娃把什么文件放入文件夹，贝拉现在都可以看到。事实上，这种共享是对称的。不管贝拉放入什么文件，艾娃也能看到——无论其中一人做了什么改变，另一人都会看到同样的改变。所以，似乎只有一个文件夹存在——一个艾娃和贝拉可以协作的文件夹。

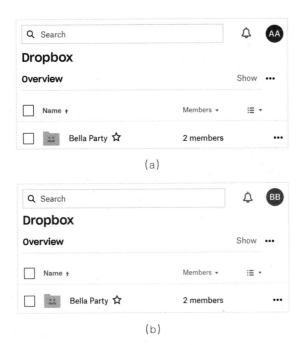

图 1-2　艾娃和贝拉共享文件夹的 Dropbox 界面

注：艾娃与贝拉共享了名为"贝拉派对"的文件夹。图 a 是艾娃看到的界面，图 b 是贝拉看到的界面。

　　事实上，事情并没有那么简单，因为其中一人并不能看到另一人做的所有更改。也许贝拉不希望这个文件夹被命名为"贝拉派对"，所以她给这个文件夹起了一个新的名字——"我的派对"（My Party）。问题是，艾娃现在看到的文件夹的名字变了吗？

　　这里有两种可能：贝拉的操作会改变艾娃看到的文件夹名称，在这种情况下，同一个文件夹只有一个名称；或者，同一个文件夹有两个名称，艾娃使用一个，贝拉使用一个。

　　那么到底是哪种情况呢？其实两种情况都有可能发生，这取决于文件夹的共享方式。在这个例子中，艾娃确实与贝拉共享了文件夹，但贝拉的更改只有自己能看到，而艾娃看不到这个更改。但是假设艾娃在"贝拉派对"中创建了另一个名为"贝拉计划"（Bella Plan）的文件夹（见图 1-3a）。由于它的父文件夹是共享的，所以"贝拉计划"也是隐式共享的。现在，如果贝拉把"贝拉计划"改名为"我的计划"，那么艾娃将会看到这个更改。

　　你可能会认为这种结果的差异是人们在 Dropbox 开发过程中随意选择的结果，或者你可能会认为这是一个漏洞。事实上，这两种说法都不对。这种明显古怪的结果是由 Dropbox 的基础设计直接导致的。

　　在解释具体原因之前，我们再来考虑一个问题。如果贝拉删除一个文件夹会发生什么？艾娃那里的副本也会被删除吗？同样，这取决于具体情况。如果贝拉删除了"贝拉派对"，只有她自己的那个文件夹会消失，但如果她删除的是"贝拉计划"，艾娃的文件夹也会被删除。Dropbox 确实在这两种情况下给出了不同的提示信息，其中一个提示信息更全面（见图 1-3b）。但奇怪的是，这一更全面的解释是在第一种情况下给出的，而不是第二种情况，可是第二种情况中的删除会导致文件永久丢失。

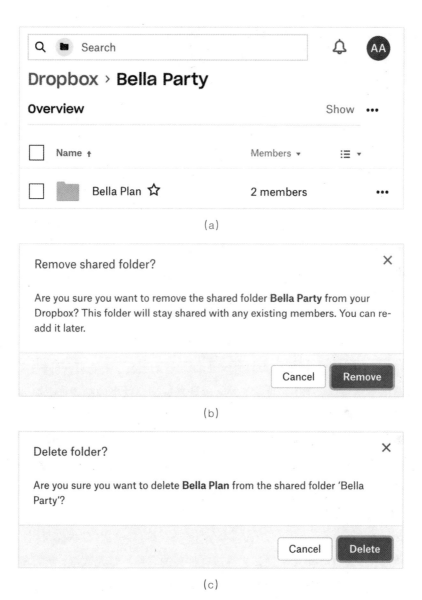

(a)

(b)

(c)

图 1-3　Dropbox 删除文件夹时的提示信息

注："贝拉派对"文件夹已共享（图 a）。如果删除该文件夹，提示信息会通知你，删
　　除将不会影响其他用户（图 b）。如果删除其中包含的文件夹"贝拉计划"，则会
　　出现一条不同的提示信息，令人惊讶的是，它没有警告你其他用户也将丢失该文
　　件夹（图 c）。

现在我们可以解释我朋友的经历了。她的老板本想与她共享一个文件，却共享了整个文件夹。当我的朋友删除她不需要的文件时，她是从共享文件夹中删除该文件的。这样一来，所有人的文件都被删除了，包括她老板的文件。

Dropbox 的文件夹概念

要想知道在不同的共享场景中会发生什么，最好先弄清楚我们的期望是什么。每个物体都有一个名称，比如猫项圈或汽车牌照，软件设计也应该有一些与物体名称一样简单而熟悉的标签，这种标签就是"元数据名称"。元数据名称是更一般意义上的元数据概念的一个实例。在元数据概念中，我们可以将用来描述对象的数据，如照片的标题，附加到对象上。

关于删除，最简单的设计是在删除文件或文件夹时使文件或文件夹消失。我们可以使用一个技术术语"嗖删除"（deletion as poof）来命名这种删除方法。当你单击删除键时，"嗖"的一下，文件就不见了。这里的隐含概念是，软件有一个文件存储池，用户可以对池中的文件进行添加和删除操作。由于删除概念非常基础和普遍，因此人们没有专门为它命名。在文件共享软件的设计中，我们希望有一个单独的共享概念，但是这个共享概念可以允许不共享的操作，这样你就可以删除别人与你共享的文件或文件夹，释放你账户的存储空间，同时不删除其他人的副本。

但是至少对 Dropbox 来说，文件或文件夹的名称不是元数据，删除操作也不是只从文件存储池中删除文件或文件夹。我们理解的删除概念和共享概念本身是没问题的，只不过它们不是 Dropbox 使用的概念。如果你使用了错误的概念模型，短时间内可能不会出问题。正如我们已经看到的，在某些场景下，这些概念有效，但在另一些场景下，却可能造成失败，并带来严重的后果。

　　Dropbox 实际使用的概念是非常不同的（见图 1-4b）。当 Dropbox 的一个文件位于文件夹中时，该文件的名称不属于该文件本身，而是属于它的父文件夹。可以将 Dropbox 的文件夹看作一组标签的集合，每个标签都包含一个文件的名称，以及指向该文件的链接。Dropbox 的文件夹概念被称为 Unix 文件夹。从名字上就可以看出，这并不是 Dropbox 发明的，而是从 Unix 借用来的。

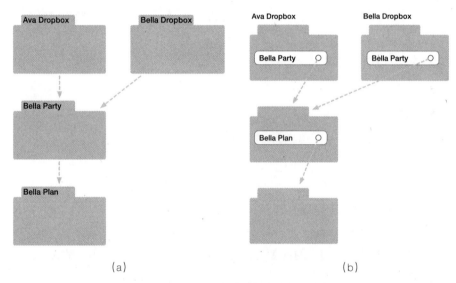

图 1-4　Dropbox 文件夹的两种可能概念

注：在元数据概念中，名称是文件夹的标签（图 a）。在 Unix 文件夹概念中，名称是父
　　文件夹中的条目（图 b）。

　　如图 1-4b 所示，艾娃和贝拉每个人都有自己的 Dropbox 根文件夹，并且她们各自的这两个文件夹对于独立且被共享的"贝拉派对"文件夹都有各自的条目入口。贝拉重命名"贝拉派对"将会改变她自己 Dropbox 文件夹中的条目，而艾娃文件夹中的条目没有改变。

　　相反，二级共享文件夹"贝拉计划"只有一个条目，它属于独立且被共享的"贝拉派对"这个父文件夹。因为这个文件夹只有一个条目，所以艾娃和贝拉看到的是同一个条目。当贝拉重命名该文件夹时，她更改的是共享文件夹中的这个条目，所以艾娃也会看到这个更改。

我们现在可以用 Unix 文件夹概念来解释 Dropbox 中的删除操作了。删除操作并不会删除文件夹，只会删除它的条目。因此，如果贝拉删除了"贝拉派对"文件夹，她只是从自己的文件夹中删除了该条目，而艾娃看到的内容不会改变。但是，如果贝拉删除了"贝拉计划"文件夹，她就会从共享文件夹中删除该条目，艾娃也看不到"贝拉计划"了。

这是什么样的缺陷

你可能会认为 Dropbox 的缺陷是显而易见的。我对 Dropbox 的缺陷一点儿也不惊讶。Dropbox 本身没有什么问题，只要理解它就可以使用它。但我敢肯定理解它的人只占少数。我们向麻省理工学院计算机科学专业的学生展示了以上两种情况，发现他们中的许多人，甚至是那些经常使用 Dropbox 的人，都感到困惑。

即使你理解了所有这些微妙之处，我想说这里仍然有一个问题。以上两种情况的区别是：操作主体的文件夹是共享的文件夹，还是包含在另一个本身就被共享的文件夹中。但这一区别在用户界面中不容易识别，所以必须先弄清楚遇到的是哪种情况，这是一件非常麻烦的事。

此外，我看不出用这种武断的区分来决定操作的合理性。为什么我只能给根文件夹命名？为什么我不能给所有与我共享的文件夹命名？或者反过来说，如果重命名文件夹是我们共享工作的一部分，为什么我只能重命名某些文件夹？

假设这些确实是 Dropbox 存在缺陷的证据，那我们可以问：这是什么样的缺陷？这种缺陷肯定不是程序错误，因为 Dropbox 多年来一直如此。我们可能会想，这算不算用户界面的缺陷，不过这似乎也不太合理。当然，当你做的更改影响到其他用户时，Dropbox 应该给出更多的提示信息。但这也可能徒增复杂性，而且经验表明，如果提示信息出现得太频繁，用户就会忽略它们。

真正的问题在于更深的层次，在于给文件和文件夹命名的本质，以及这些命名是如何与文件夹及其文件相关联的。这就是我说的概念设计问题。所以 Dropbox 的缺陷在于开发人员心中已经有了一些确定的概念，并正确地实现了这些概念，但这些概念却与大多数用户心中的概念不一致。更糟糕的是，这些概念与用户的需求并不匹配。

设计的层次

为了更好地理解概念设计，将软件设计分为多个层次可能会有所帮助（见图 1-5）。虽然这是我自己的分类，但与前人提出的一些分类类似。

物理层次

颜色、尺寸、布局、
类型、触感、声音

语言层次

图标、标签、工具、
提示、站点结构

概念层次

语义、操作、数据、
模型、目的

具体   抽象

图 1-5　设计的层次

设计的第一个层次是物理层次，这个层次是关于组件的物理特性的。即使软件的界面仅仅在一块触摸屏上运行，也会有物理特性，只不过可能比较有限。在这个层次上，设计师必须考虑人类身体的能力。设计师需要考虑软件如何与视障或聋哑用户进行交互，这就是易用性的问题。

人类的一些共同生理特征决定了某些设计原则。比如，我们有限的视觉采样率导致了感知融合，这使我们很难区分发生在 30 毫秒以内的事件，所以 30 帧 / 秒的画面就足以让电影看起来很流畅。这同时也告诉我们，如果系统反应时间超过 30 毫秒，用户就会觉得系统延迟，所以应当避免给出进度条，如果时间过长，应该给用户中止软件运行的机会。同样，菲茨定律（Fitt's Law）预测了用户将光标移动到目标点需要的时间，并解释了为什么菜单栏应该位于屏幕顶部，就像 macOS 的桌面那样，而不是像 Windows 系统桌面那样位于软件的窗口内部（见图 1-6）。

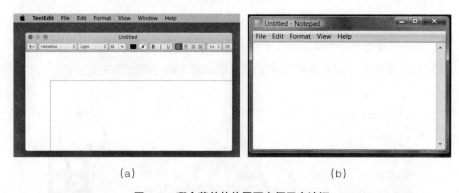

（a）　　　　　　　　　　　　　　　　（b）

图 1-6　哪个菜单的位置更方便用户访问

注：图 a 是 macOS 的菜单位置，软件的菜单栏总是出现在桌面的顶部；图 b 是 Windows 系统的菜单位置，菜单栏是软件窗口的一部分。

设计的第二个层次是语言层次。这个层次关注的是为了表达软件的运行方式而使用的语言，以帮助用户浏览软件、了解可用的操作以及操作将产生的影响、软件已经发生的行为等。在物理层次进行设计时，必须尊重用户身体特点的多样性；而在语言层次进行设计时，必须尊重用户在文化和语言上的差异。

　　显然，软件中的按键名称和消息提示，都应该根据用户是英国人还是意大利人而有所不同。我至今还记得小时候在意大利度假时，怎么也记不住标有calda 的水龙头出的不是冷水。设计师还必须意识到文化差异。在欧洲，红色圆圈的路标表示任何车辆都不允许通行；而大多数美国司机却可能觉得禁行标识应该是红色的斜杠。

　　一般来说，当用户界面的设计师谈论对一致性的需求时，他们通常指的就是语言层次上的语言使用。一致性包括确保在整个用户界面中，对相同的词语采用了相同的使用方式。例如，文件容器不应该在一个系统中既被称为"文件夹"，又被称为"目录"，并且图标的使用要有系统性的考虑。图 1-7 展示了谷歌的图标设计如何违反了一致性原则。谷歌为两个不同的功能设计了几乎相同的图标（几年后谷歌解决了这个问题）。这两个图标都用了一组黑色方块，但其中一个对应的功能是打开谷歌的软件，另一个对应的功能则是切换到网格视图。

(a) (b)

图 1-7　谷歌在图标使用上的不一致性

注：图 a 是打开谷歌的软件和切换到网格视图的原始图标；图 b 是修改后对应的新图标。

　　设计的第三个也是最高的层次是概念层次。它关注设计背后的行为，即关注由用户和软件本身执行的操作，以及这些操作对底层结构的影响。与语言层次相比，概念层次与交流或文化无关，尽管我们将在第 9 章中看到，关于概念的先验知识将使我们更容易了解和使用新的概念。

在编程中，抽象（abstraction）和表达（representation）有着重要的区别。抽象是抓住编程思想的本质，也可能用于对观测到的行为进行说明。而表达是通过代码实现这个本质。

同样，用户交互既有抽象，也有表达。抽象是概念，是软件结构和行为的本质，也是概念层次的设计主题。表达是概念在用户界面中的体现，包括所有的物理和语言细节，是较低层次的设计主题。

就像同一个编程的抽象可以有不同的表达一样，一个概念也可以在不同的用户界面中得到实现。在编程中，程序员首先会考虑抽象，然后才考虑表达。软件设计师也同样先考虑概念层次，然后才考虑较低层次。到目前为止，设计师还没有办法不依靠具体的用户界面来表达概念设计的思想。本书的目标就是要表明，这些思想可以得到直接的表达，而且可以先于和独立于表达方式。

心智模型，概念设计之源

在大多数软件中，用户遇到使用困难通常不是因为软件的功能太少或太多。常见的情况是，用户不能有效地使用软件实际的功能。这可能是由于用户不会主动去寻找功能，也没有预先想到会有哪些功能。

然而更常见的情况是，用户知道软件中有这些功能，却仍然无法正确地使用它们。最常见的原因是，用户的心智模型不正确，或者说与软件设计师和程序员的心智模型不一致。研究一再表明，用户对他们使用的设备往往有着模糊、不完整甚至是不一致的心智模型，这并不令人意外。但他们确实能够形成设计师设想的概念，即使不是在每个细节上都一致，但至少在形式上一致。

但是，当用户的心智模型与开发人员的心智模型不一致时，他们就无法有效地使用软件中的功能，正如我们在 Dropbox 例子中看到的那样。用户可能会因此遭受严重的损失，或者因为害怕某些错误会带来高昂的代价，而只使用其中的一小部分功能。

解决这个问题的一个糟糕办法是培训用户。这个办法通常不会起作用，因为大多数用户都会拒绝花时间学习如何使用软件，他们认为熟能生巧。所以一个更好的解决办法是设计软件的概念，使软件简单、灵活并能很好地适应用户的需要；同时通过用户界面向用户传达这些概念。

概念本身既是用户想要的心智模型，也是软件的规格。用户界面设计师的任务就是设计出类似设计大师唐纳德·诺曼所说的"系统形象"。用户界面能够准确地对应概念模型，这样用户就能够获得与软件概念一致的心智模型。

图 1-8 描述了这一点。图 1-8b 是用户的心智模型，图 1-8c 是用户界面，图 1-8d 是程序员编写的代码。为了确保软件成功，我们需要了解用户（可以通过调查用户需求、工作环境以及心理素质实现），确保代码的设计符合规范（可以通过测试、审查和验证实现），并精心设计一个可用的用户界面。

但最重要的是，要使用户头脑中的心智模型与开发人员头脑中的心智模型保持一致，需要用户和开发人员共享相同的概念，也需要在用户界面中准确地表达这些概念。

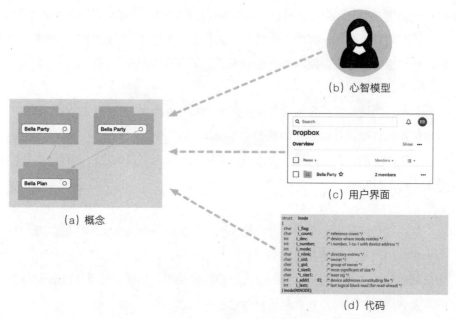

图 1-8　概念与心智模型

注: 概念（图 a）的核心作用, 在于能够使用户的心智模型（图 b）和开发人员的心智
　　模型（图 d）保持一致。通过仔细地将概念映射到用户界面（图 c）, 这些概念不
　　仅得到了完全的表达, 而且还隐含地传递给了用户。

The Essence of Software ——————————————————————

练习与实践

> ▶ 找一个你用得不太好的软件，问问自己其中涉及哪些概念，并对照检查你对软件运行方式的假设是否与实际相符。如果不符，你是否能找到解释软件运行方式的更准确的概念？

> ▶ 作为一款软件的设计者，考虑一下用户觉得最难用或最容易误用的功能。你能指出一个或多个可以为这些功能负责的概念吗？

> ▶ 要清楚自己设计的层次。从概念层次开始设计，然后依次往下进行。在较低层次勾画概念可以帮助你更直观地把握它们，但在对概念有清晰的认识之前，一定要拒绝优化用户界面的诱惑，例如，优化字体、颜色和布局等细节。

> ▶ 当你听到用户对于一款软件在物理或语言层次的抱怨时，想想它潜在的问题是否存在于概念层次。

The Essence of Software

02

**掌握概念起作用的原则，
做出更好的设计**

► 概念是单个软件、一类软件以及各类软件的特征。概念可以让你比较软件，注意其必要的功能以及知道如何有效地使用这些功能。

► 概念通常是软件差异化的因素，关注概念会让你更关注市场的需求，并揭示软件成功或失败的原因。

► 概念可以帮助从事数字化转型的公司规划前进的道路。数字化转型不仅要扩展客户获取服务的手段或采用热门的技术，而且要识别、整合和扩展核心的概念，让客户拥有丰富、一致的体验，并提供真正的价值。

► 概念提供一种新的粒度，让软件设计师可以更有效地分离软件的功能点、探索概念的重用方式，并更合理地规划软件工程工作。

► 概念是安全设计的本质，选择正确的概念并理解其含义至关重要。

► 概念为评论设计提供了可用的原则，从而避免花很长时间才能发现问题；掌握这些原则的软件设计师会做出更好的设计，即使他们还没有明确的想法。

在传统的设计学科中，设计是从概念这个核心出发的。这一核心因领域而异。建筑师称之为 parti pris，即一种用图表、注释或印象派式的草图来展示设计思路的工作方式。图形设计师称之为"标识"，它通常包含一些能够体现项目或工程核心的元素。作曲家围绕着由一系列音符构成的"主题"创作，这些音符可以被改变、重复、分层，然后组合在一起形成更大的结构。书籍设计师则是从书的版式开始，包括版心大小、页边距，以及字体和字号等。

当选择好核心概念后，后续的设计决策也是不可避免的。设计作为一个整体，需要使作品呈现出一致性，使它看起来像是一个人的作品，哪怕它是由一个大型团队共同完成的。用户能够感知到作品的完整性和统一性，而设计中潜在的复杂性要让位于简单的作品形象。

对于一个软件来说，概念核心毫无疑问由一系列关键概念组成。在本章中，我们将探讨概念发挥的作用：例如可以表示单个软件、一类软件甚至各类软件，揭示软件的复杂性和可用性方面存在的问题，确保软件的安全性，以及工作人员的分工和再利用。

概念可以表示单个软件

　　如果你试图解释一个软件，那么列出其中的关键概念会非常有帮助。想象一下，如果你遇到一个从 20 世纪 60 年代穿越而来的人，他想要知道 Facebook 是什么以及如何使用（见图 2-1）。那么你可以从帖子（post）概念开始介绍：帖子是用户写的可以供其他人浏览的短文。在 Facebook 上发布帖子被称为状态更新（status updates），帖子在 Twitter 上被称为推文（tweets）。接下来你可以介绍评论（comment）概念，即其他用户对帖子进行回应；介绍点赞（like）概念，即其他用户对帖子表示支持，据说这样能够提高帖子的排名；当然，还有介绍好友（friend）概念，这个概念允许用户过滤不想看见的内容，也能提供访问限制。

图 2-1　Facebook 页面截图

注：Facebook 页面截图中有三个明显的概念：帖子、点赞和评论。

通过比较概念，我们还可以解释提供相似功能的软件间的差异。例如，短信和电子邮件的主要区别是，短信是用会话概念组织起来的，所有发送给同一个人的消息都会显示在同一个界面中；相比之下，电子邮件通常使用“邮箱”、“文件夹”或“标签”等概念来组织。这在一定程度上是由于短信的发送者和接收者仅由电话号码标识身份，而电子邮件用户往往拥有多个通信地址，这使得根据地址对电子邮件进行分组并不可靠。这也反映了不同的交互模式：短信依赖会话的场景，而电子邮件信息往往是孤立的，因此经常需要明确地引用以前的某封邮件。

有时，我们需要一些经验和专业知识才能识别软件中的关键概念。例如，Word 的新手可能会惊讶地了解到，Word 的核心概念是“段落”。每个文档都是按照段落序列进行构建的，并且即使是与行有关的格式属性，例如行间距和对齐，也都是与“段落”相关联，而不是与“行”相关联。如果你想用 Word 写一本书，你将找不到与书的层次结构相对应的任何概念，例如，没有“章”或“节”，并且“标题”也一样被视为段落。Word 正是通过段落概念，并通过段落概念与其他概念的有力结合，才实现了它的灵活性和强大功能。

概念可以表示一类软件

概念不仅可以表示单个软件，而且能表示一类软件。例如，程序员通常使用文本编辑器，如 Atom、Sublime、BBEdit 和 Emacs 来编辑程序代码；使用文字处理软件，如 Word、OpenOffice 和 WordPerfect 来创建各种文档；专业设计师使用桌面出版软件，如 Adobe InDesign、QuarkXPress、Scribus 和 Microsoft Publisher 将文档组织成书籍和杂志的最终版式。

文本编辑器的关键概念是“行”和“字符”。行概念包含了强大的功能，例如比较和合并，这些对程序员管理代码来说是必不可少的。但行概念也有一些限制，例如分行和分段没有区别。为了解决这个问题，一些需要以文本编辑器来输入的排版工具（如 LaTeX）采用了一些约定，例如将插入空行视为分段。

　　文字处理软件的概念不仅包括"段落"，还包括"格式"，格式概念允许用户为文本指定排版属性，如"粗体"和"12 磅"。文字处理软件的样式概念，允许用户设置样式并将其与段落进行关联，例如可以定义一个"正文"样式，设置其字号大小、字体等。对于其他的常规段落也可以这样设置（见图 2-2）。

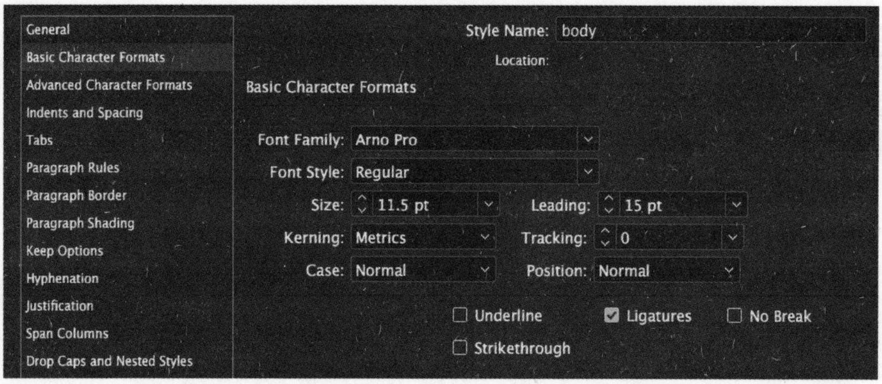

图 2-2　样式概念

注：在 Adobe InDesign 中，有一种名为"正文"（body）的样式菜单，图中是一种常规的段落样式。

　　桌面出版软件包括文字处理软件的基本概念，但增加了最重要的文本流概念，这一概念允许用户在文档的不同位置插入链接在一起的文本框，以便文本可以从一个文本框流入另一个文本框。这是杂志排版需要用到的概念。在杂志中，一篇文章会被分到不同的页面，用户希望在一个页面上调整文本框的尺寸时，另一个页面的文本可以自动随之调整（见图 2-3）。

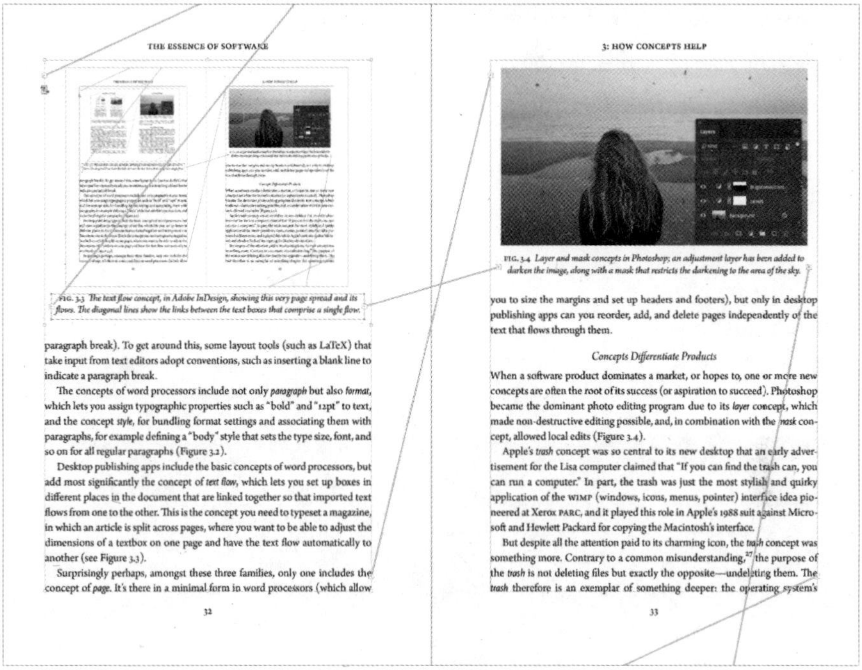
THE ESSENCE OF SOFTWARE

FIG. 3.3 *The text flow concept, in Adobe InDesign, showing this very page spread and its flows. The diagonal lines show the links between the text boxes that comprise a single flow.*

paragraph break). To get around this, some layout tools (such as LaTeX) that take input from text editors adopt conventions, such as inserting a blank line to indicate a paragraph break.

The concepts of word processors include not only *paragraph* but also *format*, which lets you assign typographic properties such as "bold" and "12pt" to text, and the concept *style*, for bundling format settings and associating them with paragraphs, for example defining a "body" style that sets the type size, font, and so on for all regular paragraphs (Figure 3.2).

Desktop publishing apps include the basic concepts of word processors, but add most significantly the concept of *text flow*, which lets you set up boxes in different places in the document that are linked together so that imported text flows from one to the other. This is the concept you need to typeset a magazine, in which an article is split across pages, where you want to be able to adjust the dimensions of a textbox on one page and have the text flow automatically to another (see Figure 3.3).

Surprisingly perhaps, amongst these three families, only one includes the concept of *page*. It's there in a minimal form in word processors (which allow

32

3: HOW CONCEPTS HELP

FIG. 3.4 *Layer and mask concepts in Photoshop; an adjustment layer has been added to darken the image, along with a mask that restricts the darkening to the area of the sky.*

you to size the margins and set up headers and footers), but only in desktop publishing apps can you reorder, add, and delete pages independently of the text that flows through them.

Concepts Differentiate Products

When a software product dominates a market, or hopes to, one or more new concepts are often the root of its success (or aspiration to succeed). Photoshop became the dominant photo editing program due to its *layer* concept, which made non-destructive editing possible, and, in combination with the *mask* concept, allowed local edits (Figure 3.4).

Apple's *trash* concept was so central to its new desktop that an early advertisement for the Lisa computer claimed that "If you can find the trash can, you can run a computer." In part, the trash was just the most stylish and quirky application of the WIMP (windows, icons, menus, pointer) interface idea pioneered at Xerox PARC, and it played this role in Apple's 1988 suit against Microsoft and Hewlett Packard for copying the Macintosh's interface.

But despite all the attention paid to its charming icon, the *trash* concept was something more. Contrary to a common misunderstanding,[27] the purpose of the *trash* is not deleting files but exactly the opposite—undeleting them. The *trash* therefore is an exemplar of something deeper: the operating system's

33

图 2-3　文本流概念

注：Adobe InDesign 软件中某个展开的页面及其文本流。图中的斜线表示一个文本流涉及的文本框间的链接关系。

也许比较奇怪的是，在这三种软件中，只有一种包含了页面概念。在文字处理软件中，页面概念对应的功能很狭窄，即允许用户设置页边距、页眉和页脚；只有在桌面出版软件中，用户才能独立地重新排列、添加和删除文本流涉及的页面。

概念可以区分软件

当一个软件已经主导或希望主导市场时，其成功的根源，或者说有望获得成功的根源，往往是拥有一个或多个新概念。图像处理软件 Photoshop 因其图层（Layer）概念，占据了图像编辑软件的主导地位，这个概念使得非破坏性图像编辑成为可能；图层概念结合蒙版概念，就可以允许用户对图像进行局部编辑（见图 2-4）。

图 2-4　Photoshop 中的图层概念和蒙版概念

苹果电脑的废纸篓概念对于苹果台式机有着非常重要的意义，以至于丽萨（Lisa）电脑[①]的早期广告都宣称："只要你能找到废纸篓，就能运行电脑。"其实，废纸篓只是施乐帕克研究中心（Xerox PARC）首创的 WIMP[②] 界面理念中最时尚和有趣的设计之一。当然它还在 1988 年苹果公司起诉微软和惠普抄袭麦金塔界面的诉讼中发挥了作用。

虽然大家的注意力都集中在废纸篓吸引人的图标上，但废纸篓概念可不止

---

① 丽萨电脑是麦金塔电脑的前身。
② WIMP 界面是最早和最经典的图形界面，由"视窗"（window）、"图标"（icon）、"菜单"（menu）、"鼠标指针"（pointer）构成。——编者注

于此。与常见的误解相反，废纸篓的目的不是删除文件，而是恢复已删除文件。也正因为这样，废纸篓概念被视为深层思想的一个典范：操作系统应当在更大程度上容忍用户的错误。在如今的用户界面设计中，这一思想已被认为是基本的原则（更多关于废纸篓概念的内容见第 3 章）。

由丹·布里克林（Dan Bricklin）在 1979 年发明的电子表格，是计算领域最成功的创新之一，他在会计分类账薄的启发下发明了一种新的计算模型。但它关键的新颖之处并不是其中的会计功能，而是一个著名的新概念——公式。利用公式，用户可以用其他单元格的值来定义一个新的单元格。事实上，布里克林的产品 VisiCalc 根本就不是一款会计软件，而且其他以会计为目标的软件都失败了。公式概念非常强大，因为它允许用户对各种类型的计算建模。公式概念有一个巧妙、强大的伙伴概念"参考"，参考概念可以区分绝对位置和相对位置，使用户可以将公式从一个单元格复制到另一个单元格。

另一个例子是日程管理软件 Calendly。它的与众不同之处在于一个被称为"事件类型"的概念。简单地说，用户可以定义一系列的事件类型，例如 15 分钟的电话、1 小时的面对面会议等，每种事件都有自己的特性，包括时间长度、取消方式、通知类型等。你可以设置每种事件的可用时间，其他用户就可以根据你的时间表和事件类型预约你的时间。

在一个熟悉的软件或系统中识别出关键概念，是一个有趣且有意义的游戏。以万维网为例，你或许认为"超文本标记语言"或"链接"是其关键概念，但是标记语言概念和超文本概念已经存在很久了。其实万维网的核心概念是统一资源定位符（URL），即为文档提供全网唯一和永久的名称。如果没有这一概念，万维网将仅仅是一个专有网络的集合，每个网络都只能在自己的孤岛中运行。

概念的复杂性是合理的

很多概念都很简单，很容易被理解，但也有一些概念很复杂。当然，有些复杂的概念其实是不必要的，或者只是糟糕设计的体现（下文会详细说明）；但有的时候，概念的复杂性是合理的。

Photoshop 软件的图层和蒙版就属于复杂的概念。当我刚开始使用 Photoshop 时，我尝试边用边学，同时观看一些教学视频，比如"如何消除红眼"等。但最终我意识到需要更深入地理解其中的核心概念，于是我找了一本从概念角度解释图层和蒙版，以及通道、曲线、颜色空间、直方图等概念的书。从这之后，我就能够用 Photoshop 完成想做的任何事了。

有一些复杂的概念出现在大众广泛使用的软件中。比如，浏览器使用了证书概念，用于检查用户连接的服务器属于用户期望的公司（如用户的银行），还是属于一个试图窃取用户信息的入侵者。浏览器还有无痕浏览概念，防止用户浏览的信息在退出后被他人使用。尽管这些概念对安全至关重要，但人们对它们了解甚少。大多数用户不知道证书概念是如何工作的，也不知道它们的用途是什么，他们经常认为无痕浏览能够让他们在不被跟踪的情况下浏览网页。

更糟糕的是，浏览器的一些最基本的运行方式，依赖于大多数用户不知道的复杂概念。例如，网站开发人员使用页面缓存概念，即利用之前下载的内容来加快页面的加载速度。但是，旧页面中缓存的内容什么时候进行更新，以及更新规则是什么，一些开发人员甚至都不清楚，因此用户和开发人员可能都无法确定网站中呈现的内容是不是最新的。

如果软件能给用户更多关于复杂概念的提醒，也许会有所帮助，因为这样可以引起用户的注意。它能告诉用户需要了解的内容。不过如果你想成为一个高级用户，请忽略软件界面的所有细节，而要掌握一些关键的概念，因为细节在之后的使用中很容易学会。了解概念也能帮助计算机专业的老师关注软件的本质。例如，当他们在教授网页开发时，可以更多地解释重要的概念，如会话、证书、缓存、异步服务等，而不只是解释软件特定框架的特性。同时，了解概念也为软件设计师提供了创新的机会。例如，一个更好的服务器身份验证概念可能会有效地防止大量的网络诈骗。

概念可以作为业务定义的核心

"数字化转型"是一个宏大的词语，但它代表着一个简单的想法：抓住业务的核心，并将其数字化，这样客户就可以通过自己的电子设备获取服务。以我作为一名顾问的经验，我有时会发现，一些高管在寻求业务的更新和扩展时，总是去寻找很酷的技术，而不是去理解业务的核心。他们希望通过使用云技术、整合机器学习或区块链等技术来获得市场份额，但往往对要解决的问题没有清晰的认识。

虽然投资核心概念这件事听起来没有那么花哨，但可能更有效。第一，只需确定业务的核心概念，就可以帮助公司专注于正在提供的服务，以及将来可能会提供的服务。第二，分析这些核心概念可以帮助公司发现其中的冲突和机会，从而简化业务。第三，对概念清单进行排序，可以反映每个概念对于客户和公司的价值，以及实施和维护这些概念的成本，从而为公司的服务战略提供依据。第四，通过整合一系列核心概念，公司可以确保客户在技术平台和公司各部门之间拥有一致的体验，并可以降低因拥有多个概念变体导致的成本。因为如果每个概念变体都有自己的实现方式，随之而来的麻烦就是，当需要在公司各个部门之间传输数据时，如何解决不同模式之间的差异。

最好的服务应当仅仅围绕几个精心设计的概念，从而让客户易于理解和使用，其中的创新往往是既简单又让人信服的新概念。例如，在苹果公司的歌曲概念中，史蒂夫·乔布斯看到了创新的机会，把选择、购买、下载和播放音乐的每一步操作体验都放在了统一的歌曲概念之下。

相比之下，我们可以想想航空公司提供的服务。毫无疑问，航空服务的关键概念是座位，但很少有概念会如此难以理解和使用。为了使利润最大化，大多数航空公司隐藏了座位的定价策略，所以只有专家才知道当前的座位价格与这架飞机上其他座位相比，或者与过去的座位价格相比，是贵了还是便宜了。航空公司也很少透露关于座位的细节，比如座位的空间大小，以及同一架飞机上不同座位的差异，甚至乘客无法提前选择座位。常旅客概念也通常只是为了吸引乘客并提高公司的竞争力。航空公司经常使用一些误导和不诚实的策略，让顾客获得尽可能少的价值。

概念可以确定成本和收益

在计划开发一个软件时，你可以使用候选概念列表来确定软件需要有哪些功能，并在成本和收益之间进行权衡。当然，软件开发人员几十年来也一直在做这样的事情，只不过使用的是关于软件功能或特性的非正式概念。**概念能将功能更清晰地划分为独立的单元，每个功能单元都有自己的价值和成本。**

换句话说，在设计中引入任何概念之前，你需要考虑以下因素：（1）概念的目的，以及对用户的价值；（2）概念的复杂性，即开发这个概念的成本，以及用户混淆的成本；（3）概念的新颖性，以及由此带来的风险。

根据二八法则[①]，我们知道20%的概念将带来80%的收益。但这并不意味

---

① 二八法则是指在任何特定群体中，重要的因子通常只占少数，约20%，而不重要的因子占多数，约80%，因此控制具有重要性的少数因子即能控制全局。——编者注

着那些不常用的概念就不重要。通常，对某个用户无用的概念也许对另一个用户却是必要的。但也有些软件到最后也没有用到其设计中至关重要的概念。

例如在 Gmail 中，标签概念是其邮件管理机制最重要的核心，也是为什么 Gmail 开发起来很复杂。但正如我们将在本书后面看到的，标签概念使 Gmail 陷入了复杂性的泥潭，并且几乎成为用户困惑的根源（见图 2-5）。因为这个概念使 Gmail 的用户总是无法区分哪些邮件是他们发送的，哪些邮件是他们接收的。因为"发送"标签与其他自定义标签一样，Gmail 用它来标记整个会话，而不是单独用于标记每封邮件。并且，大约只有不到 1/3 的 Gmail 用户会使用自定义标签。

图 2-5　Gmail 中的标签概念

注：我对自己的 Gmail 邮箱进行了搜索，要求显示没有自定义标签的邮件，但搜索结果中的第一封邮件却带有自定义标签"黑客（hacking）"和"聚会（meetups）"。Gmail 解释说，搜索结果含有满足条件的所有邮件，以及邮件的所有标签。因此，搜索结果显示了两封邮件，其中一封没有自定义标签，而另一封却有自定义标签。

用概念分离关注点

我认为在软件设计中，解决问题最重要的策略是分离关注点，即分开处理关注点的不同方面，即使有些关注点并不是完全独立的。

概念为软件设计提供了一种分离关注点的新方法。假设你正在设计一个论坛，论坛成员可以在其中发布消息并分享各种资源，如图像。一开始，你可能会需要一个"组"的概念，并用这个概念定义所有的组行为，比如加入组、发布信息、阅读其他人的帖子等。但随着设计的深入，你会将组概念的功能再分成几个更小的概念。比如，保留一个更简单的组概念，只用它来描述组员间的关系，以及与组有关的消息和帖子等内容；设计一个帖子概念，用于编辑信息和确定信息格式；设计一个邀请概念，用于邀请成员加入组；设计一个请求概念，以便用户可以申请加入组；设计一个通知概念，管理组员收到的信息，当组员的状态发生变化或有其他组员回复信息时，及时发出通知；设计一个用于控制信息的审核概念，等等。

分离关注点是有效的，因为这样能使设计师一次只专注于一个方面，而无须在设计审核功能的同时考虑是否可以撤销邀请。每个概念都可以设计得很丰富，甚至可以单独成为一个小系统。如果设计师认为某个概念的成本与收益不匹配，也可以完全忽略这个概念。

同时，这种关注点的分离有利于将单个设计师的设计扩展至整个团队。将概念分配给不同的团队成员或子团队，可以让团队间并行开展工作。由于每个概念都有不同的目标，团队成员的工作一般不会发生冲突，概念间的不兼容问题可以在组合概念时再加以解决。

概念都是以同样形式在各种软件中重复使用的

将设计分解为最基本的概念带来了概念重用的机会。例如，在设计论坛时，设计师在确定了审核概念之后，应该聪明地想到审核概念在其他场景中的实现方式。不过在最初设计时可以不考虑这一点，即论坛中接受审核的主体是帖子，而不是报纸上的文章评论。当考虑过审核的各种选项后，设计师就需要想想这种审核概念相对于另一种而言是否更适合审核场景。甚至更理想的情况是，设计师可能会发现可以完全使用现有的解决方案，这样不仅重用了概念，还重用了概念的实现方式。

许多概念都是以同样的形式在各种软件中重复使用的。想象有一本概念设计手册，设计师与其"重蹈覆辙"，还不如在概念设计手册中查找一个相关的概念，并了解与这个概念有关的设计难点以及传统的解决方案。

例如，几乎所有的社交媒体软件都引入了某种形式的投票概念，这个概念允许用户记录对某个项目的喜恶，这很重要，因为它会影响到用户的搜索结果和反馈。如果你第一次设计投票概念，你可能会想到防止重复投票的必要性，这就需要软件能够在用户投票时识别出用户身份。

但是你可能不了解识别用户身份的各种方法及其相对的优缺点。是否需要用户先登录，然后通过他们的用户名识别他们的身份，或者用 IP 地址识别，或者为此专门设置一个用户身份缓存程序等。而且你可能也想不到，可以通过禁止对已存档项目投票，来降低存储用户身份的成本。你还可能没有考虑过投票的权重问题，某些用户的投票是否应该更有影响力，新近的投票是否应该比老早以前的投票更重要。而如果有一本概念设计手册，里面会有一个投票的条目，这一条目会列出所有这些设计的考虑以及它们的优缺点，这样你就不用再走一遍之前很多人已经走过的设计之路。

概念帮助识别软件的不可用性

有时，软件会变得非常难用，这让一些用户非常沮丧以至于拒绝使用这种软件。这种情况的发生有时就是因为某个概念的设计有问题。

苹果公司为笔记本电脑、手机等用户设备上的数据提供了云存储服务。云存储服务有两个不同的目的。一是使设备间数据同步。例如，无论你使用的是哪个设备，都可以轻松地在浏览器中保存相同的书签。二是提供备份，如果设备丢失或存储损坏，用户可以从云端的副本中恢复数据。

苹果公司的设计风格总是偏向于简单和自动化，尽量避免用户手动控制，即使在应该给用户更多控制权时，苹果公司依然保持了这种设计风格。它的同步概念就是一个典型的自动化的例子，结果却是这个概念使很多用户感到困惑。

有时，苹果公司的设计就像《第二十二条军规》中的情况，让用户没有任何可行的选项。假设你的苹果手机存储空间不足，这时你会收到一条存储空间即将用完的警告消息，它建议你"在设置中管理你的存储空间"。

这时候，你会发现没有任何满意的选项。假设你发现照片占用了大部分存储空间，你可以删除整个照片软件及其关联的所有数据和状态，你可以使用"优化储存空间"功能，将照片转换为较低质量的版本，同时将较高质量版本的照片上传至云端，但是，你不能只是简单地删除手机中的一些照片，并希望这些被删的照片仍然保留在其他设备中。因为，当你删除手机上的照片时，云端的照片也被删除了，然后云端会把删除的操作传递给所有其他设备，并同时从这些设备中删除照片。

苹果公司的同步概念缺少了"选择性同步"——指定某些文件无须同步。有了这个设计，你就可以从手机中删除旧照片，同时将副本保留在云端。相比之下，Dropbox 的同步概念提供了这个功能，所以不会出现这种问题。

概念可以确保设计的安全

如今，安全是所有软件都关注的问题。"安全设计"的流行，反映了人们逐步对软件安全达成了一种共识，即确保安全最好的方式不是没有安全漏洞（这几乎是不可能的），而是通过设计保证即使存在安全漏洞，系统仍然是安全的。

系统范围的安全设计依赖几个关键的概念，如身份验证概念，确保正确识别出请求的发出者，也就是安全领域中的"委托人"；授权概念，确保这些请求者只能访问某些资源；审计概念，确保每次访问都有真实的记录，并且可以据此惩罚不良行为等。

这其中的每个概念都有许多变体，理解系统的安全性就需要深入理解这些概念的变体。如果没有仔细分析一个概念的目的和前提就随意使用这个概念，一个看似被正确保护的系统就可能变得很脆弱。

以双因素身份验证为例。它的工作原理是这样的：用户登录服务端，然后系统通过另一个渠道，通常是手机短信，向用户发送一个密钥；然后用户在服务端输入密钥，这时用户会收到一个访问权限的凭据，通常是 cookie 或某种形式的指令。这时用户就被确认为手机的所有者，也被认为是账户的合法持有人。

然而，这种设计是复杂的。首先，能够使用手机号不一定拥有该手机号所在的手机。Twitter 前首席执行官杰克·多尔西（Jack Dorsey）在 2019 年就成为 SIM 卡交换攻击的受害者，当时黑客已经控制了他的手机号。其次，这个设计还涉及一个能力概念，即系统提供了一个指令，任何持有该指令的人都能拥有访问权。在这两个概念的交互中存在巨大的安全漏洞。

假设你收到一封网络钓鱼邮件，要求你确认领英（LinkedIn）网站的链接，但其中包含的 URL 不是指向真正的领英网站，而是指向黑客的服务器。黑客的服务器会模仿领英服务器，让你以为正在与领英本身互动。当你输入双因素身份验证密钥时，黑客的服务器会将这个密钥传递给真正的领英网站，领英网站向你发送访问指令。你以为一切正常，但你不知道黑客也得到了访问指令，现在他也可以用你的身份访问你的账户。

很多关键的安全概念都存在这样的问题。概念设计必须考虑概念间的交互，当然也要考虑正确实现这些概念的代码，但设计问题才是其中的根本性问题。因此，系统的安全性通常取决于对其安全概念及已知漏洞的理解，如果分析表明系统需要更强的安全保障，设计人员就需要替换或扩充已有的安全概念。简而言之，安全设计在很大程度上是对适当概念的设计和使用。

概念是所有系统设计的核心。安全（safety）领域不同于安保（security）领域，前者很少有标准的概念。然而，如果一个事故反复发生，就意味着应该有一个新的概念发挥类似安保概念的作用，并采用传统的方法实现关键功能。例如，医疗设备经常发生剂量计算错误，那么就应该设计一个剂量概念，用来处理各种单位、浓度和流速，从而消除很多导致患者受伤或死亡的悲剧性事故，这些事故本是可以预防的。

概念可以回应对设计的评论

在任何设计领域，设计师都会对彼此的作品进行分析和评论，这对设计有重要的作用。评论并不是一种经过系统性思考的正式评价，但正是它的非正式性能够带来新的视角与灵感。并且评论不可避免是主观的，因为不同的参与者都有自己的偏见和兴趣。但有效的评论总是源于经验和专业，这种评论者用其熟悉的原则和模式语言表达评论。

这些原则和模式都围绕着设计的物理层次和语言层次展开，很少涉及概念层次的内容。即使大家都认为一个系统应该具有清晰的概念模型，但概念模型也经常被解释为语言层次的原则。人们更多地关注用户界面如何忠实和有效地体现概念模型，而不关注概念模型本身的结构。

本书后续部分的目标就是填补这一空白。书的第二部分提供了一种讨论概念的语言，以及表达概念的结构。书的第三部分给出了三种设计原则，它们决定概念的选择及概念的构成。

设计原则可以有不同的使用方式。它们是设计评论达成共识的基础，或者可以被系统地应用于启发式评价，但其更重要的作用是塑造设计师的思想。例如，一旦你掌握了诺曼的映射概念，你就知道，在用户界面设计中，应当使控件的布局和被控对象的布局相映射，这样你就能直观地创建出自然映射的用户界面。

同样，掌握了概念的原则和模式语言，你就能成为更好的软件设计师，因为它们能给你一种更直接、更清晰地表达思想的方法，让你在更加系统的框架中增强直觉和增加经验，并让你的判断更具设计敏感性。

练习与实践

▶ 选取一个熟悉的软件，找出可以代表这个软件特征的少数核心概念。再分析一个类似的软件，看看你是否可以从概念上解释这两个软件的共性和差异。

▶ 找一个你参与开发或使用的软件，尝试指出让这个软件成功或失败的概念。

▶ 以组概念为例，在你熟悉的软件中找到一个复杂的功能，并将这个功能分解为独立的、较小的概念。这些较小的概念是否能揭示该软件与其他软件之间的关系，或者是否能更统一地应用于不同软件？

The Essence
of Software

第二部分

概念与要素，系统
构建起成功设计的框架

The Essence
of Software

03

概念的结构，
从样式概念到预订概念

▶ 概念的定义包括名称、目的、状态、操作和操作原则。操作原则
用于展示如何通过操作实现目的，这是理解概念的关键。

▶ 每个概念都是某人在某个时间出于某种目的而发明的。随着时间
的推移，大多数被广泛使用的概念都得到了进一步的扩展和完善。

▶ 大多数概念是通用的，可以应用于不同类型的数据以及场景中。
通用性有助于概念的重用，也有助于提炼概念的本质。

▶ 概念可以被相互独立地设计和理解。为了简化软件设计，可以将
设计分解成不同的子问题，许多子问题都可以通过概念的重用来
解决。

到目前为止，我一直在用相对模糊和笼统的术语讨论概念。但究竟什么是概念呢？为了更有效地使用概念，我们需要超越大众的一般性讨论，开始关注细节。在本章中，我将向你展现如何定义概念。这种定义将阐明什么是概念，什么不是概念，而且将为设计概念提供指南。

我将用三个概念作为例子，重点关注它们的结构，同时也会谈到概念的产生以及使用，并指出概念设计上的一些精妙之处。

当然，概念并不能解决所有的设计问题，但是确实可以通过找出特定的概念来帮助我们发现设计中的挑战。概念不仅包含它表示的行为、关于其设计的所有现存知识、可能出现的实现问题，还包括软件设计师处理这些问题的各种方法。

废纸篓，苹果公司的杀手级概念

废纸篓概念是苹果公司在 1982 年为丽萨电脑发明的。往废纸篓图标里面扔东西时，图标会有可爱的动态凸起，清空它时还会发出俏皮的嘎吱声，这些都是操作系统更友好的象征（见图 3-1）。从那时起，废纸篓概念变得无处不在，不仅出现在其他操作系统的文件管理器中，还出现在许多软件中。

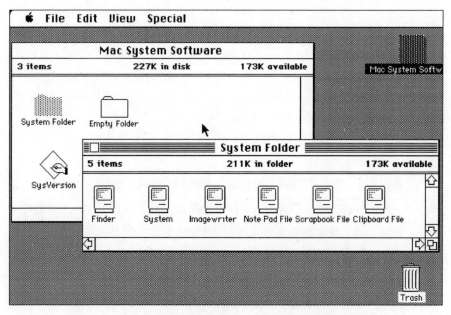

图 3-1　1984 年的麦金塔电脑桌面，右下角就是废纸篓（Trash）

乍一看，废纸篓图标是用于删除文件和文件夹的，只不过不用执行传统的删除命令，用户只需要将要删除的东西拖进废纸篓。然而，真正的创新并不是用户可以把东西拖进废纸篓，而是用户还可以恢复它们。用户打开废纸篓，可以查看里面的项目，然后，可以通过将某个项目拖到电脑的其他位置来恢复它。从这个意义上来说，废纸篓概念的目的并不是删除，而是撤销删除。

　　当然，用户也必须能够永久删除文件，以便为新文件腾出存储空间。这可以通过清空废纸篓来实现。总结一下，当用户想删除一个项目时，将它拖进废纸篓；当用户想恢复它时，将它从废纸篓里拖出来；当用户因存储空间不足想永久删除项目时，可以清空废纸篓。

　　为了使概念设计更实用，我们还需要一种简洁准确地定义概念的方法。图3-2 显示了如何定义废纸篓概念，这一定义与我刚刚对废纸篓概念的解释完全一致。

```
1    concept trash [Item]
2    purpose
3      to allow undoing of deletions
4    state
5      accessible, trashed: set Item
6    actions
7      create (x: Item)
8        when x not in accessible or trashed
9        add x to accessible
10     delete (x: Item)
11       when x in accessible but not trashed
12       move x from accessible to trashed
13     restore (x: Item)
14       when x in trashed
15       move x from trashed to accessible
16     empty ()
17       when some item in trashed
18       remove every item from trashed
19   operational principle
20     after delete(x), can restore(x) and then x in accessible
21     after delete(x), can empty() and then x not in accessible or trashed
```

图 3-2　废纸篓概念的定义

　　首先给出概念的名称，然后在随后的方括号中给出类型列表，类型具体是什么要根据概念来定。在这里只有一种类型即项目（Item）。在一个概念中，项目可以是系统里的文件；在另一个概念中，项目可以是电子邮件客户端的邮件。

其次是对概念目的（purpose）的介绍。然后介绍概念状态（state），将概念中涉及的项目组织成各种结构。在废纸篓概念中，只有两种状态：可访问（accessible），表示仍在废纸篓以外、可以访问的项目集合；已删除（trashed），表示已删除但尚未永久删除的项目集合。

在状态之后是概念操作（actions），用以描述概念的动态行为。操作是即时的，即不涉及时间长度，但操作之间可以间隔任意时间。对操作的描述表明当操作发生时状态将如何变化。例如，删除一个文件，就是将这个文件从可访问文件夹移动到已删除文件夹。对概念操作的描述可能还包括一些限制操作发生的前提条件，比如只能删除可访问但未被删除的文件。除图 3-2 中伪代码给出的操作描述之外，完整的操作描述还应包括文件的创建，因为被删除的文件肯定已经通过某种方式完成了创建。

最后介绍的是操作原则（operational principle），展示如何通过操作的组合实现概念的目的，包含一个或多个典型的使用场景。在废纸篓概念中有两种场景。一种是恢复场景：删除一个文件后再恢复它。另一种是永久删除场景：删除一个文件后，再清空废纸篓，用户将再也无法访问这个文件。

从狭义的技术意义上来讲，操作原则并没有增加任何信息，因为你完全可以从操作规范中推理出任何使用场景。但是为了帮助我们理解一个概念设计，以及概念的预期用途，操作原则就是必要的。

通过对操作的精确描述，以及对操作和操作原则的严谨定义，概念就可以变得更加清晰。因为大多数读者并不关心概念描述的细节，所以我将在附录部分对细节进行介绍。

废纸篓的设计缺陷

废纸篓概念非常成功，并得到了广泛使用。它出现在所有文件管理器（Mac、Windows 和 Linux）、电子邮件客户端（例如苹果邮件和 Gmail）以及云存储系统（例如 Dropbox 和 Google Drive）中。但这个概念并非都是完全相同的操作，一种常见的变体就是，当删除某个文件一段时间后，例如 30 天，系统就会自动永久删除这个文件。

在麦金塔电脑中，整个系统只有一个废纸篓，这会带来一些不好的后果。首先，当你插入和移除外部驱动器时，如果从这些驱动器中删除文件，废纸篓的内容就会随之变化。这有时会让人感到不安，比如你可能在废纸篓中看到一个文件并打算恢复它，但随后发现它已经消失了，因为外部驱动器被移除了。

下面场景中的问题更加突出。假设你插入了一个 U 盘并尝试将文件复制到里面，却发现 U 盘没有足够的存储空间，因此你决定删除 U 盘上的一些文件。然后当你再次尝试将文件复制到 U 盘里时，却依然失败了。你意识到，只是删除文件并不能腾出存储空间，要想腾出存储空间，你还必须清空废纸篓。

现在你面临一个困境。如果不清空废纸篓，你将无法将新文件复制到 U 盘。但是，如果清空废纸篓，之前从其他存储设备上删除的文件也将丢失，并且无法恢复。

令人惊讶的是，这个问题竟然被搁置了 30 多年，直到 2015 年苹果公司发布操作系统 OS X El Capitan 才得以解决。这个解决方案更像一种变通办法，只是增加了一个"立即删除"选项，允许用户一键永久删除废纸篓中指定的文件。

废纸篓的另一个设计缺陷与已删除文件的显示方式有关。几十年来，用户一直没有办法按删除日期对废纸篓中的文件进行排序。如果你不小心删除了一个文件，然后希望通过废纸篓恢复它，就可能会遇到麻烦。因为如果你还没有清空过废纸篓的话，里面可能会有数千个文件。如果你也没记清已删除文件的名字，那就真的没办法找到它了。

2011 年，苹果公司的 OS X Lion 操作系统开始允许用户按"创建日期"对文件夹中的文件进行排序，而这个日期对于废纸篓而言就应该是文件删除日期。在第 5 章中，我会更详细地解释这个设计，并展示它如何将概念更巧妙地融合在一起。

样式，桌面出版背后的概念

第二个例子关于样式概念。图 2-2 和图 3-3 分别介绍了 Adobe InDesign、微软 Word 以及苹果 Pages。这些软件的目的是帮助用户更容易实现格式的一致化。

使用这些软件时，你需要为文档中的段落指定样式。例如，你可以将每个段落的标题都设置为统一的样式。如果你想让所有的标题字体都加粗，你只需要修改标题样式的格式，将它设置为粗体，就可以同步更新所有的段落标题了。

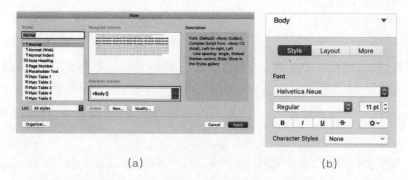

(a)　　　　　　　　　　　　　　　　(b)

图 3-3　微软 Word（图 a）和苹果 Pages（图 b）中的样式（Style）概念

下面是样式概念的操作原则。该操作原则实际上是一个相当复杂的场景，包括创建多个段落、为多个段落指定统一的样式以及修改该样式。操作原则并不总是最简单的场景，但起码能展示概念如何使用。而且，操作原则要想展示如何让段落格式保持一致，需要不止一个段落。在样式概念的定义中，操作原则是这样描述的：定义一个样式 s 的格式为 f，将 f 指定给元素 e1 和 e2，然后重新定义 s 的格式为 f′，那么 e1 和 e2 都将具有新的格式 f′。

为了使样式概念起作用，它的状态就需要很复杂（见图 3-4）。样式概念的状态有三种映射关系：一种是指定（assigned），为元素指定一种样式；另一种是定义（defined），为样式定义一种格式。在样式概念中，格式是抽象的，你可以将它看作所有格式属性的集合，如粗体、12 磅、Times Roman 等。第三种是格式化（format），就是将上述两种映射组合起来，用于简要记录元素的格式。因此指定样式 s 给元素 e，且用格式 f 定义样式 s，那么元素 e 就拥有了格式 f。

```
1   concept style [Element, Format]
2   purpose
3     easing consistent formatting of elements
4   state
5     assigned: Element -> one Style
6     defined: Style -> one Format
7     format: Element -> one Format = assigned.defined
8   actions
9     assign (e: Element, s: Style)
10      set s to be the style of e in assigned
11    define (s: Style, f: Format)
12      set s to have the format f in defined
13      create s if it doesn't yet exist
14  operational principle
15    after define(s, f), assign (e1, s), assign (e2, s) and define (s, f'), e1 and e2 have format f'
```

图 3-4　样式概念的定义

　　我定义了样式概念的两个操作：一个为元素指定样式，另一个为样式定义格式。第二个操作既可用于创建一个样式的格式，也可用于为样式更新一个格式。这两个操作也可以分别进行，不管怎样都是有效的。

似是而非的样式概念

　　样式概念得到了广泛的使用。微软 Word、苹果 Pages 等文字处理软件以及 Adobe InDesign 和 QuarkXPress 等桌面出版软件中都使用它，不仅可以用它来设置段落样式，还可以用它来设置字符样式。在微软的 PowerPoint 中（见图 3-5a），样式概念允许用户设置"颜色主题"（Theme Colors），颜色主题包含一组预定义的样式，这些样式可用于幻灯片中的各种文本（Text），例如标题、超链接、正文，以及背景（Background）。网页中的串联样式表（cascading style sheets，CSS）也属于样式，它将网页的格式与内容清晰地分离开来。

　　有时，软件对样式概念的使用并不是很明显。如在 Adobe InDesign 和 Adobe Illustrator 中，你可以通过色板（Swatches）为元素着色（见图 3-5b）。一开始你可能没有注意到色板是可以修改的。如果你用红色为多个元素着色，那么不用对这些元素都变成红色感到奇怪。但是现在，如果你打开色板并选择了绿色，你会看到刚才所有这些红色元素都变成了绿色。这个功能非常有用，因为它可以让用户轻易保持颜色的一致性，而不用每次都在色板中设置颜色。

　　有些例子看似是某个概念，事实上却不是这个概念。苹果公司的色板（见图 3-6a）几乎出现在该公司的所有软件中，允许用户进行颜色的选择。苹果公司的色板看起来与 Adobe 的色板非常相似，因此你会认为苹果公司的色板可能也是样式概念的一个实例。但是在使用了苹果公司软件后你会发现，虽然可以删除色板或添加新色板，但无法改变已有色板的颜色。可是这种对样式格式的修改能力，对于样式概念来说是必不可少的。没有了这个功能，样式概念根本无法工作，也就是说它的操作原则失败了。如果添加新样式不能影响与旧样式有关的元素，那么一旦元素的格式被重新定义，就无法再统一更改元素的样式。

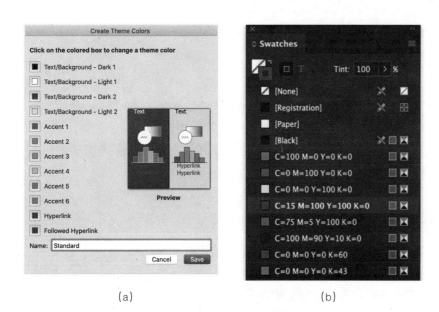

（a）　　　　　　　　　　　　（b）

**图 3-5　微软 PowerPoint 中的颜色主题（图 a）
和 Adobe 系列软件中的色板（图 b）**

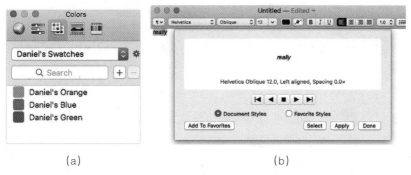

（a）　　　　　　　　　　　　（b）

图 3-6　苹果公司的色板（图 a）和苹果公司的 TextEdit（图 b）

注：这两个案例看似是样式概念的实例，实际却不是。

另一个类似的问题出现在苹果公司最基本的文字处理软件 TextEdit 的样式（见图 3-6b）中。TextEdit 的名字已经暗示了样式概念，而且用户确实可以创建和删除所谓的样式，还可以修改它们。但是，当将样式应用于段落时，它只能更新当前段落的格式，之前段落的格式仍然保持不变。样式与段落之间没有关联。因此，更改样式只影响以后的段落格式，而不会影响之前的段落格式。

样式概念还在不断丰富，甚至涉及一些格式的分层。例如，部分样式允许仅设置某部分格式属性，比如将文本设为斜体但不影响字号大小；样式继承（style inheritance），将一种样式定义为另一种样式的扩展；覆盖，即元素的格式由具有某种覆盖格式的样式来定义。

预订，一个 19 世纪的概念

在本章的最后一个例子中，我们来讨论一个早在软件出现之前就已存在的熟悉概念——预订概念（reservation）。预订概念有助于有限资源的有效利用。资源提供者希望资源利用率尽可能高；消费者希望有需要时就可以得到并使用资源。

预订概念是这样工作的（见图 3-7）。想要使用资源的消费者尝试预订资源，如果该资源尚未被预订，则预订成功；然后消费者使用该资源。

预订概念要起作用，就需要跟踪与预订相关的内容，包括被预订的资源和预订资源的消费者。消费者除进行预订并最终使用资源之外，还可以在他们决定不需要资源的时候取消预订。

```
1    concept reservation [User, Resource]
2    purpose
3      manage efficient use of resources
4    state
5      available: set Resource
6      reservations: User -> set Resource
7    actions
8      provide (r: Resource)
9        add r to available
10     retract (r: Resource)
11       when r in available and not in reservations
12       remove r from available
13     reserve (u: User, r: Resource)
14       when r in available
15       associate u with r in reservations and remove r from available
16     cancel (u: User, r: Resource)
17       when u has reservation for r
18       remove the association of u to r from reservation and add r to available
19     use (u: User, r: Resource)
20       when u has reservation for r
21       allow u to use r
22   operational principle
23     after reserve(u, r) and not cancel(u,r), can use(u, r)
```

图 3-7   预订概念的定义

你可能预订过餐厅、图书馆书籍，以及音乐会座位，这些都不是新鲜事。但值得注意的是这里对预订概念采用的解释形式。预订概念的目的是有效利用资源。预订概念的操作原则是关于如何预订并使用资源。预订概念的状态是与预订相关的全部内容。最后是预订概念的操作：预订、使用资源和取消预订。

在预订概念的描述中，有一个集合来表示哪些资源可用，以及一个从用户到可预订资源的映射。这种映射与样式概念定义中的映射不同，它是一对多的，即一个用户可以预订多个资源。

预订概念中的操作包括由资源所有者（如餐厅）执行的用于提供和回收资源的行为。如果资源已被预订，则回收资源会有点麻烦。为简单起见，预订概念的定义规定，资源在被预订的情况下不能回收，但实际上更好的设计是允许回收，比如隐式地取消预订。在预订概念定义的最后，操作原则给出一个警告：在没有取消预订的情况下，才能正常使用资源。

设计师的预订

和任何其他概念一样，预订概念也有很多变体和附加功能。通常，资源的可用性与时间相关。在餐厅预订系统中，消费者只需要选择开始用餐的时间，结束时间是由餐厅老板决定的。但这是一个棘手的问题，因为老板如果设置太长的用餐时间，那么可服务的客人数量就会减少，但如果用餐时间设置得太短，预订的客人就需要等待。资源可能与特定的物理对象相关，例如飞机上的座位、餐厅中的任何一张桌子，或某本书的任何副本。

由于预订通常是免费的，资源提供者还需要防止用户总是预订资源却从不真正使用它。餐厅预订系统通过餐厅老板记录的客人缺席次数来实现这个目的。如果客人有太多次缺席，他的账户将被停用。预订系统还需要防止消费者的预订发生冲突，例如在同一晚预订两家不同的餐厅。航空公司有复杂的规则来检测预订冲突。

预订概念在很多不同的领域都非常有用。铁路运输要求列车在进入路段之前预订轨道来保证安全，这样系统就可以确保不会有两列火车同时占用同一路段。在网络中，有一种资源预留协议（resource reservation protocol，RSVP），它允许路由器预订带宽，以便在某段时间内保证一定水平的网络性能，即"服务质量"。

The Essence of Software ———————————————————————————

练习与实践

▶ 要设计或分析一个软件，首先要确定其中的概念。为每个概念取一个好名字，并对概念目的做精辟的总结和概括，同时为每个概念制定一个操作原则。要钻研得更深，还需列出概念的操作，并找出支持操作的状态。

▶ 如果一个概念缺乏独特的行为，你就无法为它提出一个典型的操作原则，甚至不能列出它的操作，那它可能根本就不是一个概念，你可能需要扩展它直到它成为一个真正的概念。

▶ 找一个系统的数据库模式或类结构，将其表示为实体关系图，然后将图分解为更小的图（可以重叠实体但不要重叠关系），使每个图都呈现一些系统的功能。这些较小的图就是不同概念的状态。

▶ 不要将数据模型作为一个整体设计，要为每个概念独立开发"微模型"，然后将它们合并到公共实体上，以形成全局模型。

▶ 下面是一个有趣且有益的练习。找一个有趣的概念并研究其历史。它可能是一个独立于软件存在的概念（如预订），也可能是你最喜欢的软件中的一个概念。它在什么时候产生，是由谁发明的？它随着时间推移发生了哪些变化？

The Essence of Software

04

概念的目的，
以用户需求为中心

▶ 概念设计首先要针对每个概念提出一个简单的问题：它是做什么用的？回答这个问题可能很难，但会带来好处。

▶ 用户了解一个概念的目的是使用它的先决条件。许多用户手册和帮助指南解释了操作的细节，但没有解释目的，这对于用户特别是新手来说很不友好。

▶ 一个概念的目的应该是有说服力、以需求为中心、具体和可评估的。概念的目的很少能够用比喻解释清楚。

▶ 没有目的的概念是可疑的。出现这种情况通常是因为这个概念根本不是一个真正的概念，而是一种不想暴露给用户的内部机制留下的痕迹。

▶ 对概念目的的混淆会导致误用，并可能导致用户做出令他们后悔的行为。

▶ 设计缺陷会导致概念无法实现其目的，但这是难以预料的，因为使用场景会随着时间而变化。可以通过记录以往的经验结构提供帮助。

目的对于生活的各个方面都很重要，因为目的可以帮助我们设定方向，向他人解释自己，并在合作中达成共识。在目的这件事上，设计与其他活动没有什么不同，你不可能在自己都不知道想要什么的情况下就设计好一件东西。

概念的目的也是必不可少的。对于软件设计师来说，目的可以表明他们对概念的设计和实现方式是合理的。对于用户，目的会告诉他们软件的用途——如果都不知道一个东西的用途，无法想象能用好它。

或许你认为目的显而易见，无须赘言，但软件设计师很少能在整个软件问世之前说清软件的目的。我在这里提出一个更激进的想法：**仅仅知道为什么要设计软件也是不够的，你还需要为设计中的每个概念找到目的。**

为概念确定目的其实是一项困难的工作，但它会带来解决问题的洞察力，并迫使我们专注于重要的事情。在本章中，我们将看到要想弄清一个概念的目的需要多强的洞察力，以及未能确定目的或者未能将目的传达给其他人会产生多么糟糕的后果。尤其是在软件设计方面，由于它有无限的复杂性，人们很容易陷入细节并失去对大局的把控。这时候要想想最初的目的，后退一步并重新定位问题。

一旦明确了概念的目的，要问问自己：概念是否实现了这一目的。正如我们将要看到的，这并不总是很清晰，因为目的不是对预期行为的简单描述，而是对需求的表达，而这种需求可能会因用户和使用场景而异。设计缺陷通常是不可预测的，这种缺陷既可能是形式与使用场景不符，也可能是概念无法实现它们的目的（在我们的一些例子中会出现）。因为软件设计师在设计时常常无法完全预测概念使用的需求和场景，更不要说将它们简化为精确的逻辑陈述了。

概念并不能完全消除设计缺陷，但它的价值在于提供一个框架来减少设计缺陷，框架增强了概念目的的作用，并给出了一种把概念设计和使用中积累的经验和知识组织起来的结构。在本章中，我将展示从目的的角度思考概念的一些好处。在第 8 章中，我将重新审视目的和概念之间的关系并完善其中的一些想法。

第一步是说清楚

一个概念必须有明确的目的才会易于使用。而且，软件设计师不能将概念视为自己的秘密，必须与用户共享目的。

当我升级到最新版的苹果邮件时，我注意到一个新的 VIP 按键。我查了一下苹果邮件的帮助指南，它是这样描述的：

> 把对你重要的人设为 VIP，你可以轻松追踪到来自他们的重要邮件。来自 VIP 的邮件和对话内容都将显示在 VIP 邮箱中……

这个描述只用了两句话就说清了 VIP 概念的目的，即用于追踪对用户来说很重要的电子邮件。而且这个描述也把 VIP 概念的主要操作原则说清楚了，大概就是用户可以将某人设置为 VIP，然后来自 VIP 的邮件就会出现在一个特殊的收件箱中。

与 VIP 概念形成对比的是节概念。有一次我想了解 Google Docs 中的节概念，于是我在谷歌的在线帮助网页中查找了"节"一词。让人不舒服的是没有出现任何关于节概念的搜索结果。最接近的一项搜索结果，其标题是"使用链接、书签、分节符或分页符工作"。我阅读了那篇文章，看到了这样的描述：

> 如果你想分解思路或将文档中的图片与文本区分开，你可以在 Google Docs 中添加分节符或分页符。

对于节概念的目的解释就是这些了。我大概可以猜到，"节"可以用来分解思路，但是这对我没有帮助。但是解释中还提到了图片，这让我有点紧张，因为它似乎在说不用"节"的话，我就不能让图片和文本区分开。总之，读了这篇文章，我还是不知道"节"的作用。

事实上，"节"的作用是让文档的不同部分具有不同的页边距、页眉和页脚，并让子页面可以有自己独立的页码。其实用户可以在不使用任何"节"的情况下将图片与文本区分开。"节"允许在不更改图片周围文本边距的情况下更改图片边距。

第二步是确定目的的标准

为概念定义令人信服的目的不容易。因为目的总是与一定场景中人的需求相关，因此难以用逻辑或数学的方式评估，而只能以非正式或粗线条的方式评估。不过，这里有一些目的的标准可以提供帮助。

- **有说服力**。目的应该是对一个明确的需求有说服力的表达，而不是对用户的某些愿望或可能要执行的操作的一些模糊表示。在 Google Docs 解释节概念的目的时所使用的语句如"分解思路"以及"将文档中的图片与文本区分开"只是让我们对用户试图做的事情有一个模糊的概念。相比之下，"允许不同页面有不同的页边距"就非常清楚。

- **以需求为中心**。目的必须表达用户的某个需求，而不是仅仅重复描述意义不明的行为。以浏览器的书签概念为例。用"标记一个页面"或"保存一个最喜欢的页面"来解释书签概念的目的没有帮助，只会引出"为什么你想要做这样的事情"这类问题。相反，书签概念的目的可能是"便于稍后重新访问页面"，或者"与其他用户共享页面"。如果最初对目的的表述不够准确，不用担心。如果你的表述立即引起了疑问，比如是否可以在不同的设备上实现"稍后重新访问"，这说明你的表述有了进步的方向！

- **具体**。目的必须足够具体，以便于概念设计。你可以说任何概念的目的都是"让用户满意"或"让用户更有效地工作"，这样的表达确实有说服力，因为我们明确地知道这句话的意思，而且的确以需求为中心。但很明显，这样的目的对概念设计来说不会有用，因为它不够具体，无法将一个概念与另一个概念区分开。

- **可评估**。目的应该能提供衡量概念的尺度。你可以通过它掌握操作原则并轻松评估它是否达到了目的。对于废纸篓概念，"允许撤销删除"的目的显然得到了满足，我们可以删除文件然后从废纸篓中恢复文件。相比之下，"防止意外删除文件"这样的目的描述就不会很有帮助，因为我们需要更多关于用户行为的信息，比如用户是否不仅会意外删除文件，还会不小心清空废纸篓。

第三步是深入理解目的

有时，你正在做的设计可能会提供多个看似合理的选项，而且似乎没有适当的标准供你在这些选项之间进行选择。在很多情况下，这种困境是因为没有深入理解目的。一旦理解了目的，就会很清楚哪个选项是正确的。

以呼叫转移概念为例，这是一种电话的概念，允许将呼叫自动转移到另一条线路。假设有三条电话线 A、B 和 C，分别对应三个用户（见图 4-1）。现在假设第一个用户将呼叫转移到 B，因此现在对 A 的呼叫被重新定向到 B。假设第二个用户 B 又将呼叫转移到 C。如果有人呼叫了 A，应该根据用户 A 的请求转移到 B，还是应该根据 A 与 B 的请求转移到 C？

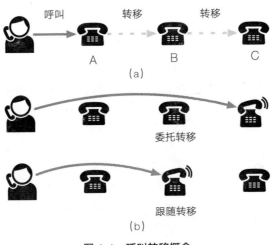

图 4-1　呼叫转移概念

解决这一困境的方法是了解呼叫转移概念的两个不同目的。一种目的是委托转移，允许一个人将对自己的呼叫委托给其他人。在这种情况下，如果对 A 的呼叫已委托给 B，B 又委托给 C，那么显然应该将对 A 的呼叫转移两步给 C。另一种目的是跟随转移，当一个人在不同的地方工作时，允许将对他的呼叫转移到不同的位置。在这种情况下，如果 A 移动到了 B 的位置，而 B 移动到了 C 的位置，则对 A 的呼叫显然应该只转移到 B。

这两个不同的目的说明有两个不同的概念，委托转移概念和跟随转移概念都服务于自己的目的。它们允许的行为也可能在一些方面有所不同。例如，委托转移概念可能允许来电先在 A 振铃，仅在无人应答时才转移到 B。

没有目的的概念

一个概念可能根本没有令人信服的目的，这会让人们对它的用处产生一些怀疑，但人们也许可以在疑惑中找出概念的价值。比如，戳一戳（poke）概念是 Facebook 最早的概念之一，却没有人真正知道它的用途。

概念缺乏目的通常是因为没有针对用户真正的需求进行设计，而只是以一种更容易的方式设计。用两种常见的混水龙头来类比能更清楚地说明这一点（见图 4-2）。在这两种水龙头中，都有一个混合冷热水的出水管。

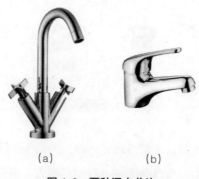

(a)　　　　　　　　(b)

图 4-2　两种混水龙头

老式的混水龙头（图 4-2a）由两个独立的水龙头供水，标有"热"和"冷"。

从概念上看，这两个水龙头没有明确的目的。它们的作用很清楚，打开热水水龙头会增加混入的热水量；打开冷水水龙头会增加混入的冷水量。但用户想要的是设置水流的温度和流量，而这些需求与控制之间不是简单的关系。如果你想提高温度，你可以开大热水水龙头，关小冷水水龙头，但是流量也会相应发生变化。同样，如果你只想增加流量，则需要打开两个水龙头，仔细调整它们以重新达到所需的温度。在这两种情况下，用户一般都需要进行多次调整。

在新式的混水龙头设计中（图 4-2b），水龙头具有两个独立的控件，旋转把手可以调节温度，上下移动把手可以调节流量。因此，这样的设计明确符合用户的需求。

让我们再来看一个软件的示例，编辑器缓冲区（editor buffer）曾经是一个常见的概念，满足了一些用户需求，但现在它不再引人注意。因为以前磁盘速度很慢，加快文本编辑器的唯一方法是让用户编辑内存缓冲区中的文本，再定期将缓冲区中的文本保存到文件中。但是这种缓冲区对用户来说没有明显的用途，而且会让非技术用户感到困惑，因为如果软件崩溃，或者在保存文件之前缓冲区被关闭，缓冲区中的文本就很容易丢失。

这大概就是苹果公司在 2011 年的 OS X Lion 系统中改变了所有软件行为的原因，用户对文本的改动从一开始就写入磁盘，并且要想保存为某个类型的文件只需要命名文件。换句话说，无目的的编辑器缓冲区概念被淘汰了。随着缓冲区的消失，另存为操作（即将缓冲区的内容保存到给定名称的新文件中）不再有意义。用户现在只需要复制文件并重命名（Rename）就可以了（见图 4-3）。

在所有这些例子中，无目的的概念是将底层机制暴露给用户的结果。利用缓冲区的文本编辑器没有任何问题。相反，通过首先编辑缓冲区的文件，然后再在后台将它们写到磁盘中，文本编辑器可以提供更好的性能。问题是这些复杂性给用户带来了负担。

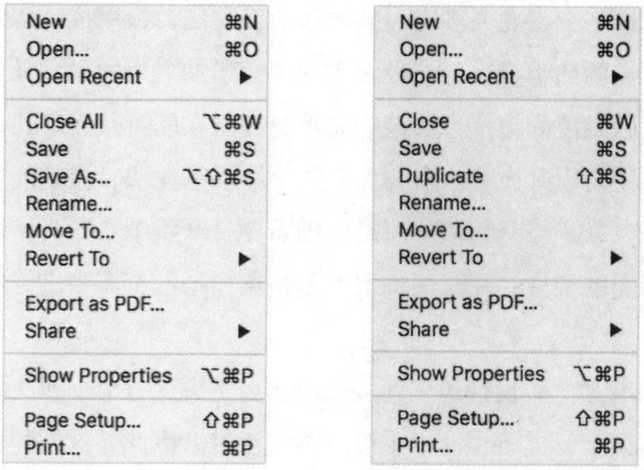

New	⌘N		New	⌘N
Open...	⌘O		Open...	⌘O
Open Recent	▶		Open Recent	▶
Close All	⌥⌘W		Close	⌘W
Save	⌘S		Save	⌘S
Save As...	⌥⇧⌘S		Duplicate	⇧⌘S
Rename...			Rename...	
Move To...			Move To...	
Revert To	▶		Revert To	▶
Export as PDF...			Export as PDF...	
Share	▶		Share	▶
Show Properties	⌥⌘P		Show Properties	⌥⌘P
Page Setup...	⇧⌘P		Page Setup...	⇧⌘P
Print...	⌘P		Print...	⌘P

(a)　　　　　　　　　　(b)

图 4-3　苹果系统的文件菜单

注：旧菜单（图 a）的"另存为"（Save as）选项反映了缓冲区概念，新菜单（图 b）不
　　再有另存为选项。

简而言之，与内部机制不同，概念需要始终面向用户，并且它的目的不仅
需要对程序员有意义，而且需要对用户有意义。

目的不明的概念

如果用户不清楚一个概念的目的，就很可能不按软件设计师设计的方式使
用。Twitter 的收藏（favorite）概念就是其中一个典型的目的不明的概念。

2017 年 5 月，《赫芬顿邮报》的撰稿人、政治学家安迪·奥斯特罗伊（Andy
Ostroy）在推文中拿当时的总统和总统夫人的关系开玩笑。总统夫人点击了推
文的心形图标（见图 4-4），她大概是无意的，但看上去是向 Twitter 用户表明
她喜欢这条推文。不用说，当她意识到发生了什么后，她撤销了这一操作。

图 4-4　梅拉尼娅·特朗普（Melania Trump）给推文点赞

　　这里的问题出自 Twitter 的收藏概念。事实上，Twitter 在 2015 年改变了这个概念的视觉设计，用心形图标替代了星形图标。他们认为这可以消除用户对这个概念的困惑，但显然这没能对总统夫人起到帮助。用户真正的问题是对收藏目的的困惑。

　　许多用户似乎认为，收藏概念的目的是保存推文以供后续浏览。这是一个合理的假设，因为"收藏"一词通常适用于此目的。然而事实证明，收藏概念的实际目的是记录用户对推文的认可，以供其他人查看，也就是通常所说的"喜欢"或"点赞"概念。

　　Twitter 在 2018 年通过重命名收藏概念解决了这个问题，将其更名为点赞（like），来保持与其目的的一致性（见图 4-5）。为了满足用户保存推文以供自己将来浏览的另一个目的，他们引入了一个被称为书签（bookmark）的新概念，该概念可以通过推文的"共享"菜单访问，这也是一个令人困惑的操作，大概是因为给推文添加书签就是与自己共享。

（a）　　　　　　　　　　　　　　（b）

图 4-5　Twitter 对收藏概念问题的回应

注：Twitter 提出了一个新的书签概念，用户可以通过"共享"菜单访问（图 a）。原始的收藏概念被重命名为点赞，仍然用心形图标表示（图 b）。

保姆骗局，不要使用令人困惑的概念

误解概念的目的很可能会导致滥用概念。可用资金概念本来是善意的，但现在已成为诈骗者的目标。当存款人在银行存入一张支票后，支票的一部分资产会出现在存款人的账户中，而且存款人可立即提取这部分资产。在美国这是由 1987 年通过的《国会法案》强制执行的，旨在防止银行延迟处理存款。

但是，许多人将此概念与清算支票概念相混淆，只要看到余额增加，就相信支票已被验证，并认为这是不可撤销的。犯罪分子无情地利用了这种概念混淆。在一个被称为"保姆骗局"的事件中，一位新雇用的家庭保姆希望支付一笔搬家费用（假设 1 000 美元）的首付款，但他收到了一张数额大得多的支票（假设 5 000 美元）并将其存入了银行。然后，雇主发来一条消息，要求他将多余的钱电汇回来。当保姆退回多余的钱后，银行会撤回支票，也就是从保姆的账户中扣除 5 000 美元，可怜的保姆徒增了 4 000 美元的赤字。

图像大小的故事

有时，一个目的不明的概念会产生混乱。这里以图像大小概念和分辨率概念为例。即使是摄影比赛的组织者有时也会搞错，他们常常规定图像必须满足某个最小分辨率，尽管我们认为他们应该很清楚这些事情。

问题是图像的分辨率并不代表图像的质量，除非你知道图像的大小。360 像素 / 英寸的分辨率似乎很清晰，但如果图像只有邮票的大小，你并不能打印出明信片大小的清晰图像。

要理解这一点，你需要了解两个概念。第一个概念是像素阵列。将图像表示为彩色像素的二维阵列，这是一个现在普遍接受但曾经激进的想法。这样可以进行图像编辑，包括调整图像，比如调整对比度或亮度，当然这种调整会改变像素的值。重新采样是一种更复杂的操作，会改变像素的数量，比如用一个像素替换多个像素来降低图像质量，或通过增加额外像素来提高图像质量，使图像在较大尺寸下打印效果更好。

第二个概念是图像大小。它的目的是以物理尺寸描述图像，这很简单但也很奇怪，因为我们通常不认为数字图像具有物理尺寸。图像大小决定了打印图像时的默认大小，以及将图片导入桌面出版软件（如 Adobe InDesign）时在页面上显示的图像大小。然而，在所有这些软件中，图像通常可以手动缩放，因此这使图像大小概念的目的变得不那么重要。

最后，图像分辨率本身并不是一个概念，而是假设图像以给定的尺寸打印时的打印质量。因此，如果像素阵列为 1 000 像素方阵，图像大小为 10 英寸正方形，则分辨率为 100 像素 / 英寸。

　　如果你还没有糊涂，请看下 Photoshop 中用于修改图像大小、尺寸和分辨率的菜单（见图 4-6）。在图 4-6a 中，你可以看到各种参数以及它们之间的关系：宽度（Width）为 20 英寸和 6 000 像素时，分辨率为 300 像素 / 英寸。锁定符号和垂直连线表示哪些参数是相互约束的。选中"重新采样"（Resample），当分辨率加倍（600 像素 / 英寸）时，像素尺寸也随之加倍（见图 4-6a、c）；未选中"重新采样"，当分辨率加倍时，图像的宽度和高度随之减半（见图 4-6b、d）。

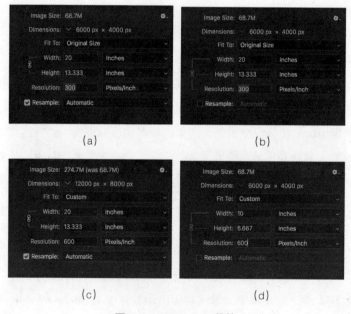

图 4-6　Photoshop 菜单

　　即使对于专家来说，这些操作也很复杂且容易出错。图像大小的概念以及不清晰的目的似乎是所有这些复杂性的根源。

我的目的还是你的目的

如果你试图理解一个概念的目的，一个很好的问题是：**这个目的将要服务于谁？**

在社交媒体软件中，许多概念声称是为了用户的利益，但实际目的是通过扩大社交范围、增加流量或做更多广告来提高公司的利润。

例如，通知概念声称是为用户提供实时的更新，让用户随时了解情况。但它的真实目的是提高"用户参与度"。Facebook 在这点上表现得很明显，虽然有一系列设置选项可以允许用户控制哪些事件可以产生通知，但还没有选项可以完全关闭通知。

标签概念的目的似乎很简单，就是帮助人们更容易地找到特定人的帖子。但我们注意到，当 Facebook 提示你在照片中标记某人时，并没有解释标记的目的和产生的影响（见图 4-7）。

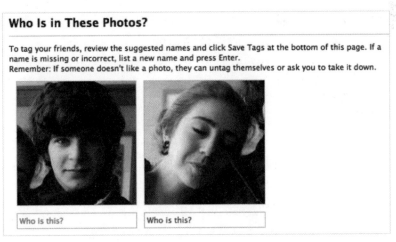

图 4-7　Facebook 中的标签（tag）概念

但你只要细心就会注意到标签概念真正的目的。在默认情况下，为帖子添加标签后，不仅标记者的朋友可以看到（当然，这符合你的预期），而且被标记者的所有朋友都可以看到。

标签概念巧妙地增加了两组朋友间的社交关系。

信用卡的"芯片和密码"安全机制涉及两个有明显不同目的的概念。芯片概念似乎是为了减少假卡带来的欺诈，因为制作带有芯片的卡片比制作带有磁条的卡片更难；而密码概念是为了减少信用卡被盗带来的欺诈，因为小偷不知道密码。

然而事实证明，底层协议很容易被破坏，并且容易受到中间人攻击。

但银行并不愿解决问题，甚至不愿承认存在此类问题。这说明芯片概念的目的并不是消除欺诈，而是通过给人营造一种系统安全的假象，将欺诈的责任转移给消费者和零售商，从而降低银行自身的成本。

欺骗性的目的

有时设计师会主动歪曲概念的目的，以隐藏一些阴暗的目的。下面是一些带有欺骗性的目的案例。

- 所有问答网站都有用户概念，大概是为了阻止垃圾信息和低质量答案。但是网站会以此来限制访问，以至于用户在没有登录的情况下无法查看问题和答案，更不用说发布新问题了。Quora（见图4-8）解释道："为什么您需要登录才能访问？因为 Quora 是一个知识共享社区，依赖每个人分享自己知道的内容。"这种虚假解释

隐藏了可能使用户反感的真正目的，例如收集用户信息，创造更
具黏性的体验或投放更有针对性的广告。

- 推手民调①似乎是一个标准的民间调查，其目的是通过汇总民间
的反应来获得一些有用的信息。但它的真正目的是赢得你的支持。
推手民调通常是为了利益，通过问你一些暗示性的问题来改变你
的观点。

- 直达航班概念是由航空公司发明的，以响应早期的订票系统，这
种系统更偏爱只有一个航班号的航线。通过让不同航段保持相同
的航班号，直达航班概念可以使航空公司的这些航线更加突出，
从而使消费者更有可能购票。但是消费者不了解这个目的，没有
意识到直达不一定是直飞。现在，大多数航班预订网站已经放弃
了这个令人困惑的概念，少数仍然使用这个概念的网站也至少为
粗心的客户添加了一个解释（见图4-9），并承诺不会中途更换飞
机，这在原始概念中是没有的。

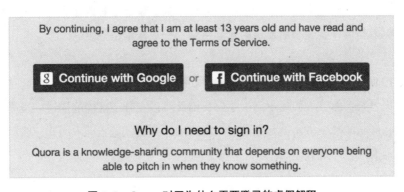

图 4-8　Quora 对于为什么需要登录的虚假解释

---

① 推手民调（push poll）是指从 20 世纪 90 年代中期开始，美国大选过程中出现的一些以影响
民意为目的的民调。——编者注

图 4-9　一个航班预订软件对直飞（Nonstop）和直达（Direct）的菜单显示

注：请注意左下方直达复选框旁边的括号内对直达概念的说明——无中途飞机更换。

当目的没有实现时，我们如何用两招避免缺陷

设计的本质是为给定的场景创造一种形式。**设计最好的结果是形式和场景之间完美契合，就像小朋友玩的木制拼图，一块块紧密贴合。**

按照这个类比，软件设计的目的是要描述拼图中凹孔的形状。问题是这种形状很复杂，而且人们还不完全了解，因此难以充分或准确地描述。最终，了解凹孔形状的唯一方法就是先设计一块拼图，并尝试把它插入凹孔，然后发现它们不太匹配的地方。

因为凹孔的确切形状是未知的，所以测试必不可少。在经过实际的测试之前，我们无法预测设计的有效性。但与此同时，由于凹孔形状的复杂性，任何测试都只能测试某些方面，所以测试也不是万能的。

你永远无法完全预测设计中可能存在的缺陷，但你至少可以利用以前发现

缺陷的经验。因此，虽然完整地列举设计的目的是不太可能的，但列举不想要的缺陷来避免错误却是可行的。

概念可以通过两种方式降低缺陷带来的风险。

第一，将设计分解为多个概念，这样使设计适配的整体挑战就可以简化为一组更易于管理的子问题。

第二，概念是可以重复的，并可以提供跨场景的共性。在一种场景中发现的概念缺陷问题，通常也存在于另一场景。例如，预订概念的一个可能缺陷是，有人会预订多个资源，但根本不打算全部使用。如果你正在构建一个包含预订功能的系统，你在设计时就可以想到这个潜在的问题，并考虑解决这个问题的各种常用方法，例如惩罚缺席者和禁止重复预订。

在接下来的内容中，我们将详细研究一些设计缺陷。我选择了一些例子来说明在软件设计中可能出现的各种缺陷，并提出不同的预防策略。

糟糕的设计导致的致命错误

2001 年 12 月，驻阿富汗的一名美国士兵使用一种被称为 PLGR（Precision Lightweight GPS Receiver，精确轻型 GPS 接收器）的设备来生成空袭目标塔利班前哨的坐标。当他试图计算坐标时，设备的电池没电了，所以他更换了电池。当他重启设备后，以为刚才计算出的坐标仍然可用。

但他没有意识到该设备重启后默认定位自己的 GPS 位置。结果，这位可怜的士兵发起了对自己阵地的攻击，一枚 907 公斤的卫星制导炸弹没有落在塔利班前哨，而是落在了美军的阵地，造成了 3 人死亡、20 人受伤。

在这个案例中，如果 PLGR 设计人员考虑了"电池"和"目标"概念之间的关系，就能预测到这种问题。对设计进行的任何修改都可能避免这种灾难。该设备的升级版本 DAGR 会在这种情况下显示警告消息（见图 4-10）。

(a)　　　　　　　　　　　　(b)

图 4-10　旧版本设备和新版本设备的区别

注：图 a 是 PLGR 的 GPS 接收器，士兵使用该接收器无意识地将轰炸目标设为自己的
　　位置。图 b 是 DAGR 显示的警告信息。

由场景变化引起的设计缺陷

随着疫情暴发，人们纷纷使用 Zoom、Google Hangouts 和 Microsoft Teams 等通信软件在线演示幻灯片。一个让人烦恼的设计问题出现了。在播放幻灯片时，软件会切换到全屏模式。要么通信软件的界面消失，让你在不知道是否还有观众的情况下不安地演示；要么界面遮住了幻灯片，让你很难看到正在演示的内容。

苹果公司对这种设计缺陷的简洁解决方案是扩展其幻灯片演示软件

Keynote 的显示概念，增加了"在窗口中播放"的模式，这时幻灯片会出现在常规窗口中，而不再占据整个屏幕。

这个例子展示了使用场景发生变化如何使设计产生缺陷。我之前在第 3 章中提到苹果公司的废纸篓概念也出现过类似的问题，如果不清空从计算机中删除的所有文件，就无法恢复 U 盘的存储空间。这是因为 40 多年前废纸篓概念出现时，个人计算机还没有外部驱动器，更不用说这种拇指大小的微型 U 盘。

旧问题再次出现

在电子表格中可以使用区域概念，用公式计算一系列连续单元格的结果（见图 4-11）。例如，要计算三个单元格的总和 B1+B2+B3，可以写作 SUM(B1:B3)。

(a)

(b)

图 4-11   在苹果电脑的电子表格软件 Numbers 中定义一个数据区域

注：图 a 是数据区域，图 b 是数据区域对应的公式 (B2:B4)。

区域概念的目的并不是通过输入公式减少输入量，或者使公式看起来更简洁，这两者都可以在不引入新概念的情况下利用语言层次的设计得以实现。它的真正目的是让公式适应单元格的添加和删除。如果在第一行和第二行之间添加一行，为了包含这个新的单元格，普通的公式必须由用户手动更改为 B1 + B2 + B3 + B4，但区域公式会自动调整为 SUM(B1:B4)。因此，区域概念的操作原则可以表述为：

> 如果创建了依赖区域的公式，当表格区域内出现行或列的更新时，该公式会自动调整以包括新的行或列。

问题在于如何定义"区域内"。你可能认为区域由两个标记界定，一个在第一个单元格之前，一个在最后一个单元格之后。因此，区域内的添加包括在最后一行下方（在最后一行和标记之间）添加和在第一行上方添加。

Numbers 通常有两个单独的用于添加行的操作，分别用于添加到当前行的上方和下方（添加列也一样）。这些操作与快捷键绑定，因此扩展区域是快速而简单的。

选中区域最后一行，并在其下方添加一行，新行应该属于区域内，但选中该区域下方的一行并在其上方添加一行，新行应该排除在区域范围之外。这听起来有点复杂，但实际上非常直观，如果你选择的是位于区域内的一行，那么无论你执行什么操作，不管是在上方还是在下方添加一行，新行都应该在区域内。但是如果你在区域之外进行操作，新行也应该在区域之外。

这实际上正是 2009 版 Numbers 的运作方式。但当前版本处理区域中的第一行和最后一行的方式却有所不同。如果你在第一行上方或最后一行的下方添加一行，无论你选择了哪一行，以及执行了添加哪一行的操作，也无论是在上方添加还是在下方添加，新行都不会在区域内。

　　这种设计缺陷在实践中带来了很大的烦恼。我用一个电子表格来记录我的工作账单（见图 4-12）。工作表的每一行对应一次工作的计费时间，汇总行给出总时间。每当我完成一次工作，我都会在工作表中添加一行。在以前的 Numbers 版本中，我只需要选择已完成工作的最后一行，发出添加行的命令，并在新行中输入字段。

　　但在新版本的 Numbers 中，这种方式不再有效。我可以在选定区域的最后一行之前添加新行，然后再将最后一行拖至上方，将其重新放在新行之前。或者我可以在最后一个条目后添加一个虚假的空行，并将其包含在公式中（见图 4-12 中表示公式范围的阴影区域）。这种方法能有效恰恰是因为对时间段求和的公式将虚假的空行中的空单元格视为第 0 行。顺便说一句，微软的 Excel 具有完全相同的缺陷，并且缺少在当前行上方或下方添加行的独立操作。

	Task	Time (hours)
Jan 1, 2018	Interviewing client	4
Jan 3, 2018	Making slides	5
Jan 7, 2018	Writing report	3.5
Total billable hours		*12.5*

图 4-12　我的工作账单

注：添加一个虚假的空行，通过在它之上插入新的数据行，使数据包含在区域范围内。

　　这种缺陷的问题并不在于苹果软件为什么会犯错，也不在于如何发现这个缺陷，因为如果仔细考虑操作原则，是能够发现这个缺陷的。令人惊讶的是，苹果公司的软件设计师过去知道正确的设计方法，然而后来显然忘记了它。如果苹果公司的软件设计师将他们的经验记录在概念目录中，他们最好的想法就更容易在版本迭代中保留下来。

练习与实践

- ▶ 如果在使用某个概念时遇到问题，首先看看是不是在理解该概念时出现了错误。

- ▶ 当你向别人解释一个概念时，无论该概念的使用场景是什么，都要从概念的目的开始。

- ▶ 当你提议将一个概念添加到正在开发的软件中时，首先要制定一个吸引人的目的，并检查它是否能与用户产生共鸣。

- ▶ 当你的团队开始研究一个概念时，要在制作任何用户界面草图之前就明确一个简洁的概念描述，并确保所有的设计师和工程师在目的和操作原则上保持一致。

The Essence of Software

05

概念的组合，
造就意想不到的力量

▶ 概念不像程序那样，可以用较大的包含较小的。相反，每个概念对用户来说都是平等的，软件或系统就是一组串联运行的概念组合。

▶ 概念是通过操作来同步组合的。同步并不增加新的概念操作，但会限制已有的操作，从而消除一些独立概念可能会出现的操作序列。

▶ 在自由组合中，概念彼此独立，仅受一些记录的约束，这些约束是为了确保概念对事物观点的一致性。

▶ 在合作组合中，概念共同工作，通过自动化提供新的功能。

▶ 在协同组合中，概念更加紧密地交织在一起，一些概念可以帮助另一些概念实现目的。

▶ 概念的组合为创造性设计提供了机会，即使其中的每个概念都是通用概念。协同组合常常是设计的精髓，简单组件的组合可以带来意想不到的力量。

▶ 同步是软件设计的重要组成部分。同步不足会导致软件运行不当或混乱，以及自动化的缺失；同步过度则会限制用户的选择。

到目前为止，我们只讨论了单个概念的情况。但即使是最简单的软件也会涉及多个概念，因此我们需要了解这些概念是如何组合在一起的。

在本章中，我们将看到如何采用新的方式将概念组合起来。不同概念的操作可以相互关联，这样当一个概念中的操作发生时，另一个概念的相关操作也会发生。

本章将展示各种组合形式，首先是一种简单的类型，其中的概念大部分是并行的，各自实现自己的目的，没有太多的交互。其次是更复杂的类型，概念间有了更多的连接，并能产生新的功能。最后是最复杂的类型，概念间相互协同，可以提供比单个概念更简单、更统一的用户体验。

当设计多个概念时，你可以选择让这些概念进行更紧密或不那么紧密的同步。更紧密的同步意味着更多的自动化，但也意味着更少的灵活性。我将通过一些同步过度以及同步不足的例子展示这些缺陷。

为什么传统的组合方式不起作用

在软件的组件中，我们通常会采用客户端到服务端的组合形式，其中一个组件是客户端，一个或多个其他组件是服务端。这种结构从最小的程序（其客户端可能是一个计算列表平均值的函数，服务端可能是一个提供基本算术和列表操作的内置库）到最大的系统（其客户端可能是工资单软件，服务端可能是关系数据库）都适用。

这种客户端到服务端的组合形式，可以用简单的组件来构成功能复杂的组件，并且允许组件进行分层。客户端只能看到正在提供服务的组件，却无法判断这些组件是否正在涉及其他服务。

但对于概念，这种传统的组合形式不可行。因为概念的定义是面向用户的，因此我们不希望一个概念隐藏在另一个概念之后。另外，概念应该是独立的，可以被独立理解，并在不同的场景中被重复使用。而在客户端到服务端组合形式中，客户端不能独立于服务端运行，我们甚至无法预测其运行方式，除非知道它使用的服务端的行为。

一种全新的组合形式

我们不太熟悉概念间的组合，但它实际上很简单。在默认情况下，概念彼此是独立的。只要概念允许，可以采用任何顺序调用概念的操作。

想象一下你在火车站找到一排自动售卖机。你可以走到任何一台机器前投入硬币，然后选择物品。你也可以先在一台机器投币，再走到另一台机器投币，然后回到第一台机器选择商品，诸如此类。对你行为顺序的唯一限制是由机器施加的，比如你不能在投币之前就得到一杯饮料。

为了使概念共同工作，从而实现一些组合功能，我们需要同步它们的操作。这将涉及限制操作发生的顺序以及输入值和输出值之间的关系。

比如，我们可以把找零机和饮料机连接起来，这样当你把 1 美元放入找零机时，将得到 4 个 25 美分，这 4 个 25 美分可以自动购买饮料机里的汽水。这就是一种同步。

如果我们只是观察操作顺序，那么每台机器的行为和以前是一样的。但组合功能以后，有一些操作序列不会再发生，比如不需要先得到零钱再去买饮料。自动化并不能完成以前手动无法完成的事情，而只能自动完成那些不可避免的事情。

自由组合，松散但彼此独立

自由组合是最松散的组合形式，在这种组合中，概念被合并到一个软件中，但在大多数情况下每个概念依然独立运行。

Todoist 是一个简洁的日程应用软件（见图 5-1）。它通过少量的附加特性增强了待办列表的功能性，例如它将任务组织成项目和子项目，并为任务添加了标签。我们来看一下标签这个附加功能，并看看如何用概念组合来表示它。

我们看一下其中最基本的待办（todo）概念和标签（label）概念。待办概念（见图 5-2）维护了一组任务，这些任务被分为已完成（done）和待处理

（pending），这些构成了概念的状态。在用户添加（add）一项新任务时，软件
会将新任务自动标记为待处理，直到用户将其标记为已完成（complete）。

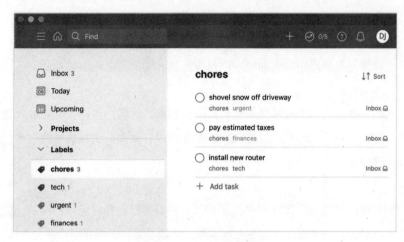

图 5-1　Todoist 界面截图

注：图中显示了带有"家务"（chores）标签的任务。

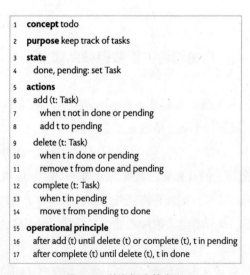

图 5-2　待办概念的定义

标签概念（见图 5-3）将标签与项目关联起来，并包含了一个查找（find）的操作，允许用户筛选带有给定标签的所有项目。此外还有一个清除（clear）的操作，允许用户删除一个项目的所有标签。标签概念的操作原则是，如果用户给一个项目附加（affix）一个标签，然后使用该标签查找项目，此时只要不分离（detach）项目与标签，搜索结果中就会出现这个项目。相反，如果用户没有给项目附加标签，或者分离了项目与标签，那么在查找这个标签时，该项目不会出现在搜索结果中。

```
1    concept label [Item]
2    purpose organize items into overlapping categories
3    state
4        labels: Item -> set Label
5    actions
6        affix (i: Item, l: Label)
7            add l to the labels of i
8        detach (i: Item, l: Label)
9            remove l from the labels of i
10       find (l: Label) : set Item
11           return the items labeled with l
12       clear (i: Item)
13           remove item i with all its labels
14   operational principle
15       after affix (i, l) and no detach (i, l), i in find (l)
16       if no affix (i, l), or detach (i, l), i not in find (l)
```

图 5-3　标签概念的定义

在实践中，待办与标签概念可以提供更丰富的功能。例如待办概念可以将任务与截止日期相关联，并相应地在用户界面显示它们；而标签概念可以提供更多样的查询方式，例如同时查询多个标签。但这里只需要理解概念间的组合，并不需要了解这些复杂的功能。

图 5-4 给出了待办与标签概念自由组合的形式，包括通过组合形成的软件名称（todo-label），组合中包含的概念，规定了同步（sync）操作。需要注意

的是，标签概念专门用于标记任务，而要使一个任务实例化，需要使用待办概念中的任务（Task）类型。

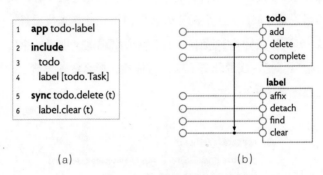

图 5-4　待办概念和标签概念的自由组合

注：在图 b 中，左边的圆圈表示用户可以执行的操作，黑色箭头表示同步。

在这个自由组合的例子中，只有一个同步操作，简单来说就是，删除待办概念中的任务会导致该任务的标签在标签概念中被清除。也就是说，当一个任务被删除时，它的标签也会消失。如果没有这种同步，待办概念中已经不存在的任务可能仍然具有标签。这将导致一些异常行为，比如用户为任务添加标签以后删除了任务，再查找这个标签时，该任务仍出现在搜索结果中。

如果这个例子不足以让你印象深刻，那我保证这还只是一个沉闷的组合形式。我们只是在为一些更有趣的例子做准备。你需要清楚的是，将两个概念组合起来将允许用户以任何顺序操作它们。如果没有同步，那么唯一的限制只是概念本身。例如，你不能删除一个还没添加的任务。

在自由组合中，概念在很大程度上是相互独立的，但仍然需要做一些记录，以排除一些无意义的操作。在这个例子中，如果只是简单地将概念放在一起，而不进行任何同步，就会出现这样的情况：在待办概念中删除了一项任务，但该任务依然出现在标签概念的搜索结果中。通过同步，待办与删除

（todo.delete）将总是紧跟在标签与清除（label.clear）之后。用户仍然可以执行搜索操作，但由于已经执行了消除操作，因此再执行搜索操作时，已经删除的任务不会再显示。

但同步并不会增加新的操作。同步只是清除了一些操作，在本例中，被清除的是那些没有意义的操作。而其他操作仍然可以通过两个概念的交叉执行来实现。例如，组合中可以包含以下操作：todo.add (t)、label.affix (t, l)、todo.complete (t)、label.find (l):t，即添加一个新任务 t、给它附加标签 l、将任务标记为已完成、查找具有标签 l 的所有任务，并最终得到任务 t。

在本例中，同步的目的是确保从每个概念的角度来看都存在相同的一组事物，即标签概念不能引用待办概念中不存在的任务，也就是说这些概念是存在耦合的。而在其他方面，这两个概念都是正交的。待办概念与标签的附加和清除无关，而标签概念也与任务是否完成无关。

这种松散的组合形式很常见，尤其是那些构建在平台上的软件，它们不易支持组件间多样的同步操作。例如，网页服务和内容管理插件提供了评论和投票等概念，它们之所以能够正确地工作，正是因为它们只需要连接站点的一些共享标签（比如针对正被评论或投票项目的标签），就像示例中的任务一样。

合作组合

合作组合是更紧密的组合形式，能将多个概念连接在一起，提供两个概念本身都没有的新功能。Todoist 的一个不错的功能是，当用户需要添加一项任务时，甚至不需要打开这个软件，只需要向与 Todoist 账户关联的电子邮件地址发送一封邮件。

　　从概念组合的角度来看，这只不过是将电子邮件概念中接收邮件的操作和待办概念中添加任务的操作进行了同步。为了说得更具体一些，我们可以先定义电子邮件概念（见图 5-5）。其中的状态（state）包括用户与用户收件箱中的邮件之间的映射关系、发件人和收件人，以及邮件内容。

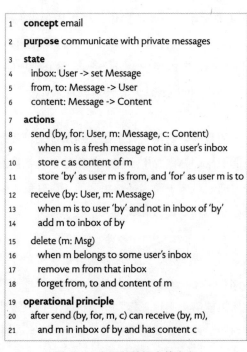

```
1   concept email
2   purpose communicate with private messages
3   state
4      inbox: User -> set Message
5      from, to: Message -> User
6      content: Message -> Content
7   actions
8      send (by, for: User, m: Message, c: Content)
9         when m is a fresh message not in a user's inbox
10        store c as content of m
11        store 'by' as user m is from, and 'for' as user m is to
12     receive (by: User, m: Message)
13        when m is to user 'by' and not in inbox of 'by'
14        add m to inbox of by
15     delete (m: Msg)
16        when m belongs to some user's inbox
17        remove m from that inbox
18        forget from, to and content of m
19   operational principle
20     after send (by, for, m, c) can receive (by, m),
21        and m in inbox of by and has content c
```

图 5-5　电子邮件概念的定义

　　电子邮件概念的定义中，发送（send）操作会生成一条包含内容的新邮件；接收（receive）操作将接收这封为收件人创建的邮件，并将其添加到收件箱中。操作原则表达了消息传递的思路：用户发送带有某些内容的邮件后，收件人接收到邮件，邮件以及与邮件相关的内容被添加到收件人的收件箱中。

　　电子邮件中的合作组合形式（见图 5-6）略为复杂。它不仅包含之前已有的同步，还包含一个新的同步，即电子邮件概念中的接收（receive）操作和待办概念中的添加（add）操作之间的同步。我将接收任务消息的特殊电子邮件账户命名为 todo-user。通过限制执行接收操作的用户，确保其他用户接收电子邮件的行为不受此同步的影响。要注意的是，添加操作会按预期将要添加的任务与邮件内容绑定。

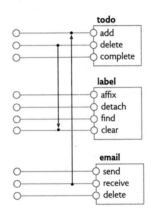

图 5-6　待办概念和电子邮件概念的合作组合形式

注：该图仅描述了同步的一部分：从 receive 到 add 的箭头并不意味着每个邮件接收行
　为都会引起一个添加任务行为；正如文中所说，只有给 todo-user 的任务消息才会
　引起相关行为。

在实际的软件中，同步更加复杂。你可以通过定义电子邮件主题和正文格式，分别设置任务的标题和描述，甚至可以用标签来标记任务。但上述简化的同步应该足够表达出设计的本质。

通过电子邮箱地址来添加任务这个新功能其实只是将一些步骤自动化，从而让过程更加简便。从原理上说，用户也可以在每次想要添加任务时，先给自己发送一封电子邮件，然后在稍后的某个时间查看这些电子邮件，并将它们作为任务添加到待办事项中。因此，这些同步只是为用户省去了这些额外的工作。

以下是一些可以使用合作组合形式的概念案例。

- **日志**（Logging）。这是一个跟踪事件的概念，可以与其他概念合作组合使用。跟踪的目的可以是诊断故障，通过留存事件序列，在事故发生后分析导致故障的原因；可以是性能分析，检查服务的响应性能；可以是行为解析，收集服务中的用户数据及其行为模式；可以是入侵检测，根据请求模式，检测可能正在进行的攻击；还可以是审计，例如记录医院中哪些员工访问了健康记录。

- **限制**（Suppression）。在安全性的场景中，可以添加这一概念用于限制其他概念中的某些操作。如访问限制的概念可以通过同步授权操作与被授权的行为，防止产生未经授权的用户操作，因此如果授权操作（由访问限制确定）没有发生，与之相关的操作也不会发生。这个思路可用于在很多软件中设置访问限制，例如在社交媒体软件中将朋友概念与帖子概念组合在一起，那么用户就只能阅读朋友的帖子。

- **分段**（Staging）。这种合作组合可以将不同阶段的操作联系在一起。例如，在手机上拨打电话时，用户可能输入的不是要拨打的号码，而是对方的姓名。可以将联系人概念和电话概念组合在一起，然后分别处理号码查找和呼叫。这种分段操作使得呼叫转移等功能可以被视作概念。类似的模式出现在浏览器请求的操作中，它首先使用域名概念进行查找，再将域名转换为 IP 地址，然后用于超文本传输协议（http）概念中的请求命令。

- **通知**（Notification）。大多数软件和服务都会向用户发送通知：日历发送日程提醒；论坛发送注册提醒；在线商店发送购买确认；快递公司发送物流状态更新；社交媒体软件发送更新提醒。所有这些都可以通过通知概念来完成，它提供了一个对事件的跟踪操作，并与其他概念中的操作进行同步，在相关行为发生时，就自动发出通知，通知的时间、来源和频率通常可以由用户自主设置。

- **减轻（Mitigation）**。有时自由组合给用户提供了太多的自由度，导致了一些不良行为，这时就可以通过合作组合来减少不良行为。例如，许多社交媒体平台将帖子概念和投票概念组合，让用户对帖子进行评价。但如果帖子概念允许编辑行为，则会产生一种困境，因为用户可以在收到很多评价后，再完全更改帖子内容，让人误以为这些评价是针对新内容的。一种常见的解决方法（例如在 Slack 中）是为已编辑的帖子添加一个永久的标记。另一种方法是将帖子概念中的编辑操作与另一个撤销评价的操作同步。例如，在 YouTube 中，用户可以将好评固定（pin）到他们的视频中。但是，如果评论被编辑，它会自动取消固定，这是通过编辑评论操作和取消固定操作之间的同步实现的。

- **推理（Inference）**。有时用户并不直接执行某些操作，而是通过其他操作间接执行。大多数通信软件会区分已读和未读项目，并允许用户切换它们的状态。但是当用户第一次将一个项目标记为已读的时候，软件通常将另一个操作与标记为已读的操作同步，例如打开或滚动项目。

- **连接分离的关注点（Bridging separated concerns）**。采用自由组合的方式将关注点分离，通常会提高软件中概念的清晰度和可用性。例如在手机上，蜂窝概念和 WiFi 概念允许用户独立管理蜂窝数据和本地网络的使用，以及管理使用这些数据和网络的软件。但是，有时也需要将这些分离的概念再组合起来。例如，苹果的播客提供了拒绝使用蜂窝网络下载的选项，这样用户就可以等到有免费 WiFi 的时候再获取数据，而不占用流量。

协同组合，在自动化间建立连接

在自由组合中，软件通常由正交的概念组合而成，每个概念都有自己的功能，同步仅用于记录。在合作组合中，同步在提供自动化的概念间建立连接，从而产生一些单个概念不具备的新功能。

协同组合更精妙。通过更紧密的同步概念，一个概念的功能会增强另一个概念的功能。这时，组合的整体价值超过了概念价值的总和。

为了说明这种现象，我们在待办概念和标签概念的组合中，用一个内置标签待处理来表示任务的未完成状态，该标签在用户添加任务时自动附加到任务上，当任务完成时自动与任务分离。这可以看成两个同步，一个是在用户添加任务时给任务附加标签，另一个是在任务被标记为已完成时分离任务与标签（见图 5-7）。为了一致性，我增加了第三个同步：当标签被分离时，任务被标记为已完成。

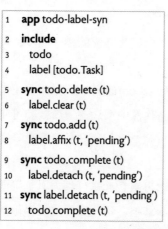
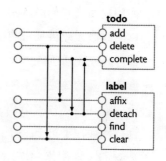

图 5-7   待办概念和标签概念的协同组合

协同组合的优点是，标签查询功能中有"任务是否完成"这一项。Todoist 可以采用统一的用户界面，并且用户还可以通过功能更多样、提供逻辑查询语言的标签概念，来查询类似"待处理且紧急"的任务。此外，待办概念的状态组件不再需要记录任务是待处理还是已完成，因为标签存储了该信息。

这个简单的例子只展示出了协同组合的一点优势。在下一节中，我们将看到一个更强大也更复杂的例子，它展示了协同组合的精妙之处。在此之前，我们先来看一些协同组合的其他案例。

- **Gmail 标签和废纸篓**。Gmail 也是以上述方式协同使用标签的。在用户发送电子邮件时，Gmail 自动给邮件附加上"已发送"标签，当用户点击"已发送"按键时，会打开已发送的邮件列表，以此查询并显示所有含有已发送标签的邮件。同样的逻辑也适用于废纸篓：删除文件时会为其添加已删除标签，恢复文件时再删除该标签。

- **Moira 列表和组**。麻省理工学院使用一个在 20 世纪 80 年代开发的 Moira 系统来管理邮件列表。为了让多个用户维护同一个邮件列表，Moira 为这些用户创建第二份列表，这个列表是第一个列表的父文件夹。当需要授权或撤销授权时，可以简单地在第二个列表中添加或删除用户。这是一个有意思的协同组合，它将邮件列表概念和管理组概念完全结合在一起，这使得后者不再需要自己的接口。

- **免费样品和购物车**。一些网店允许用户将尚未购买的免费样品（或目录等）放在购物车中。这是一个购物车概念和免费样品概念的协同组合。将免费样品添加到订单的操作与将商品添加到购物车的操作同步。这样对用户的好处是他们可以在同一个地方看到所有的商品，包括免费样品，而且他们不再需要单独存储免费样品，这也简化了开发人员的工作。但是，与许多协同组合一样，这也可能导致意想不到的问题出现。

- **Photoshop 的通道、蒙版和选区**。Adobe Photoshop 中的蒙版、选区和通道概念是协同组合的优秀案例，这些概念间的协同工作产生了非凡的力量。

废纸篓与文件夹的美妙协同

在第 3 章介绍废纸篓概念时，你可能会对我将删除的文件视为一组项目感到惊讶。在关于这个概念的众多熟悉的实例中，如在麦金塔或微软 Windows 桌面上，废纸篓都不是一组项目，而是一个文件夹。

最初，废纸篓只是一个已删除文件的集合，如果你删除了一个文件夹，文件夹中的文件将零散地位于废纸篓中。显然，这使文件夹的恢复变得困难，而更好的设计是将废纸篓概念与文件夹概念融合在一起，而苹果公司最初就是这样设计的。

现在的废纸篓设计可以理解为由废纸篓和文件夹这两个显著概念构成的巧妙组合。通过分别审视这两个概念，我们可以分离出它们行为的不同要点。废纸篓概念的基本思路是，恢复已删除文件，或通过清空废纸篓永久删除它们。要了解文件在废纸篓中的显示方式，只需要了解文件夹概念即可。

我们可以从精简的用户界面上更清晰地看出这两个概念协同的创造性。我们不需要任何特殊的操作就可以对废纸篓中的文件进行排序，因为它其实只是一个普通的文件夹，你可以按常规方式对其排序、搜索等。要恢复一个已删除文件，也不需要特殊的操作，只需要将它从废纸篓中移出即可。当然，协同还允许废纸篓保留已删除文件夹的结构，方便以后完整地恢复它。

同步使得这些操作能够得到正确实现，而且操作并不复杂，只需要将文件夹概念中的移动文件到废纸篓这一操作和废纸篓概念中删除文件这一操作进行同步；当删除一个文件夹时，同步删除其包含的所有文件夹和文件；同样，将文件夹从废纸篓中移出时，也需同步恢复其包含的所有文件夹和文件。

难以完美的协同

完美实现不同概念的功能协同几乎是不可能的，因此大多数协同都需要付出一些代价。我们知道，废纸篓与其他文件夹并不完全一样，最明显的区别是它需要提供清空的操作，因此只有在废纸篓中才会出现清空选项。

麦金塔电脑中废纸篓的设计者已经尽了最大努力来减轻废纸篓与其他文件夹的不一致性。例如，他们没有采用"删除日期"字段，因为这只适用于废纸篓，他们巧妙地设置了"添加日期"字段，这适用于所有文件夹，而对于废纸篓而言，添加日期恰好就是删除文件的日期。

但更麻烦的是，即使麦金塔电脑有多个驱动器，却只有一个废纸篓。因此，与任何其他文件夹不同的是，废纸篓可以"保存"来自不同宗卷（Volume）的文件。为了更清晰地体现这一点，最新版本的 macOS 允许按宗卷对废纸篓中的文件分组，其他文件夹是没有这个功能的（见图 5-8）。

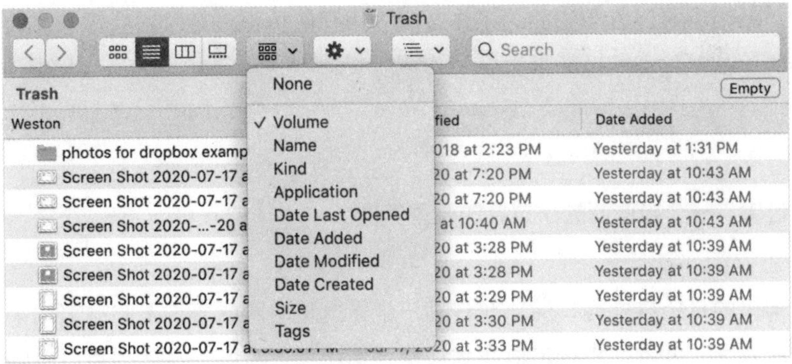

图 5-8　最新版本的 macOS 废纸篓

注：废纸篓中的文件可以按"添加日期"（Date Added）排序，这正好是文件的删除日期，因此废纸篓精妙地重用了文件夹的一般特性。按宗卷进行分类是一个麻烦的功能，因为它只适用于废纸篓。

将废纸篓看作文件夹有时会令人感到困惑，所以我在说废纸篓可以"保存"文件时有点犹豫。在第 3 章中，我提到了一个场景，将可移动磁盘插入笔记本电脑，并将磁盘中的一些文件移动到废纸篓，希望腾出可移动磁盘的存储空间。但由于只有一个废纸篓，并且它"属于"笔记本电脑，你可能会认为这样的操作可以释放可移动磁盘的存储空间。

但是，正如将废纸篓划分为多个宗卷那样，这时的废纸篓并不属于电脑，而属于可移动磁盘，将可移动磁盘上的文件移动到废纸篓并不会释放存储空间。如果你这时弹出可移动磁盘，将会看到已删除文件从废纸篓中消失，而当你重新插入可移动磁盘，已删除文件会再次出现。

同步过度或同步不足

在开始设计概念时，同步是整个软件设计的重要部分。同步太多会使用户失去控制权，一些概念的自由组合允许的场景可能不会出现。相反，如果同步太少，一些本可以自动完成的工作却成为用户的负担，有时还会带来意外和不当行为，甚至是灾难性的后果。

同步过度，一个被取消的研讨会的奇怪案例

苹果的日历软件将日历（允许用户记录既定时间的事件）和邀请两个概念组合在一起，这样用户就可以向其他用户发送待定事件，其他用户可以选择接受或拒绝加入该事件。

但日历软件的最初设计却因为"删除邀请"而给用户带来了困扰。用户无法在不通知事件发起者的情况下拒绝事件，因为删除概念与拒绝概念是绑定

的。如果你只是想清理日历的空间，这一设计可能会让你冒犯朋友。而如果向你发送事件邀请的是垃圾邮件，情况会更糟。因为在这种情况下，你的回复将使垃圾邮件发送者确认你的电子邮件地址是有效的，于是你以后更有可能收到垃圾邮件！

多年来，解决这个问题的唯一笨办法是再创建一个新日历，将事件移至其中，然后再将新日历中的事件全部删除。终于在 2017 年，苹果将删除操作和通知操作解耦了（见图 5-9）。

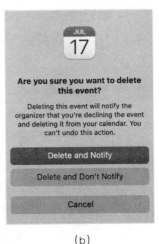

图 5-9　苹果日历中删除事件的对话框

注：最初的苹果日历（图 a）总是将删除同步给事件发起者，这个功能毫无用处；在最新的日历版本中（图 b），删除操作和通知操作的同步被设置为可选项。

同样的设计缺陷也出现在了谷歌日历中，我的实验室发布研讨会公告时遇到的一个令人费解的问题就在于此。通常，在研讨会公告发布后不久，就会有一个取消通知。组织者只好再发送通知，告知人们研讨会实际上并没有被取消。事实证明，这些取消通知是虚假的。实验室中每个人都收到了研讨会通知，并将其添加到了个人日程中。但之后当有人删除自己日历上这个事件时，谷歌日历会自动向初始关联的电子邮件地址列表群发一条取消通知。对我的实验室来说，这可是一个超过 1 000 名成员的列表！

还有以下几个同步过度的案例。

- **Tumblr 的不良设计。** 在博客平台 Tumblr 上，如果你想允许他人评论你的帖子，你可以在帖子标题的末尾插入一个问号。在这种类型的同步中，一个操作（这里是创建帖子）是否会产生伴随操作（启用评论）取决于第一个操作的内容。这是一个不受欢迎的同步，如果帖子的标题就是一个问句呢？该同步还使得标题概念不再通用，也因此让人难以理解。后来，Tumblr 用勾选框的方式改进了评论功能。

- **Twitter 的回复。** Twitter 上也出现了类似的问题。在 2016 年之前，推文如果以用户名开头都会被用户当作回复。这导致了一种惯例，当人们想要在推文开头提到别人但又不想被认为是回复时，会在名字前插入一个句点，如 ".@daniel 真的吗？"

- **不需要的谷歌同步。** 如果你有一个谷歌账户，用户名是一个外部电子邮箱地址，当你用该账户开通 Gmail 时，用户名就总会被自动更改为 Gmail 邮箱地址，而且你还无法恢复旧的用户名和电子邮箱地址！

- **爱普生强横的打印机驱动程序。** 爱普生的照片打印机不允许用户进行某些类型的组合操作，以防止打印机的损坏，这是可以理解的。例如，当设置顶部进纸时，用户不能选择纸张的"厚"选项，因为纸张在进入打印机时需要弯曲。但是打印机驱动程序却限制更多，在用户选择顶部进纸时拒绝大多数美术纸的选项。这可能是因为打印机驱动程序认为大多数美术纸都是厚纸。然而这是错误的，许多美术纸又薄又柔韧。这种设置迫使用户要么将美术纸从正面送入（这很不方便，因为必须手动送入每张纸）；要么从顶部送入，但无法搭配正确的墨水设置。

同步不足，一个永远无法加入的组

大约一年前，我想创建一个社区论坛，为此我建立了一个谷歌小组（Google Groups）。我给邻居们发送了一个申请加入的链接。

但是，这并没有起作用，人们甚至无法通过点击"申请加入"的链接访问我的页面。我认为我已经做了正确的设置，特别是在"权限"（Permissions）设置中，选择"谁可以加入"（Select who can join）时（见图 5-10a），我选择了"任何人都可以申请加入"（Anyone can ask）。

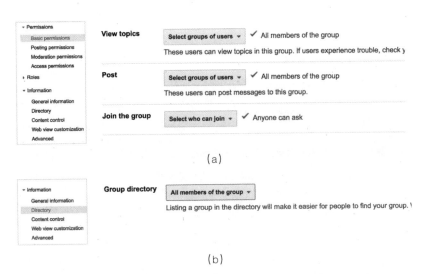

图 5-10　Google Groups（2019）的权限设置

注：图 a，单击权限菜单中基本权限（Basic permissions）选项时显示的页面。图 b，单击信息（Information）菜单中目录（Directory）选项时显示的页面。

　　事实证明，该小组是否可以出现在组目录（Group directory）中取决于另一个设置菜单（见图 5-10b）。除非此小组的可见性设置为"网络上的任何人"（Anyone on the web），否则该小组不仅被排除在组目录之外，而且用户根本无法访问该组，甚至无法申请加入该小组！

　　导致这一混乱的原因是，权限概念中确定谁可以申请加入的操作与组概念中设置可见性的操作缺乏同步。后来，谷歌调整了这一设计，将申请加入权限与可见性权限两个控件都放在了同一个页面上（见图 5-11），但它们之间依然没有同步，只在"谁可以加入组"（Who can join group）中选择"任何人"（Anyone can join）是没有用的。除非你也同步更改了"谁能看到组"（Who can see group）中的设置，将默认设置改为"网络上的任何人"（Anyone on the web）。

图 5-11　一个较新版本的 Google Groups 权限设置页面（2021 年 2 月）

注：谷歌将申请加入权限和可见权限合并到同一个设置页面中。但遗憾的是，按图上的默认设置，申请加入的成员首先需要能够看到该组。

以下是同步不足的其他一些案例。

● **Lightroom 的导入功能。**照片管理和编辑软件 Adobe Lightroom Classic 有着丰富的导入功能，不仅可以将照片从存储卡或相机复制到硬盘，还可以执行一系列附加任务。例如，将照片复制到指定位置；在元数据中添加版权信息；将开发设置应用于每张照片；添加关键词；预览；弹出外部驱动器或存储卡。所有这些同步功能都是可选的，并由一个相对复杂的用户界面菜单进行控制。2015 年，Adobe 团队发布了 Lightroom 6.2 版，这个版本包括了一个简化的导入菜单，删除了一些专业摄影师才需要的同步选项。用户很快对此给予了负面回应，以至于 Adobe 后来撤回了这一更新。

- **Google Forms、Google Sheets 和数据可视化。**一个较好的协同例子是，Google Forms 使用了 Google Sheets 进行数据的收集和存储。Google Forms 还有一个很好的可视化工具，可以生成饼图、直方图来进行数据汇总。但是，Google Forms 的可视化与不同的数据副本同步，这点与 Google Sheets 不同。因此，对 Google Sheets 的编辑（例如，删除重复表单的数据清理）不会以可视化的形式体现。

- **Zoom 的举手功能。**在视频会议软件 Zoom 中，参与者可以通过虚拟举手，向主持人表达发言意愿。在不说话的时候，参会者通常将麦克风静音以减少会议的背景噪声。在发言时，参会者取消静音并说话，然后再次静音。但大多数参会者会忘记取消虚拟举手，这有时会让主持人感到困惑。因为当他注意到有人举手时，他可能无法确定这人是忘记放下手了，还是想再次发言。如果可以将举手和静音的概念同步，可能就会消除这种烦恼。

- **Therac-25 放射治疗机。**20 世纪 80 年代后期，放射治疗机出现了一系列灾难性事故，这些事故最终被追溯到同步缺陷。放射治疗机的辐射源是一束可调节的电子束，它可以通过一个磁准直器聚焦电子，或通过一个均整器将电子转换为 X 射线光子，具体通过前者还是后者取决于旋转转盘的位置。患者会接受其中一种方式的照射：电子照射或 X 射线照射。X 射线的产生需要较大的电子流，这样设计的目的是确保当电子束电流过大时，均整器能够就位。但可悲的是，由于同步缺陷，有时致命的电量会直接作用在患者身上。尽管该同步缺陷被归因于一个编程错误，即代码未能确保预期的同步，但如果有更好的设计就可能阻止事故的发生。

练习与实践

▶ 如果你设计了一个看起来很复杂的概念，请通过更清晰的目的和更有说服力的操作原则，尝试把这个概念描述成更简单的概念组合，这样也许能更容易描述和解释这个概念。更多内容请见第 8 章。

▶ 在选择概念时，要注意重复使用熟悉概念（见第 9 章）。例如，你可以定义一个通知概念，然后看看如何在整个软件中更统一地使用它。

▶ 在设计时，首先要确定软件需要哪些概念，然后确定概念之间的同步方式。首先通过同步消除软件中的缺陷。然后再考虑自动化，但要确保为用户留出足够的灵活性。

▶ 通过概念协同将概念简化。但请记住，完美的协同是难以实现的。

The Essence
of Software

06

概念的关系，
让设计的顺序更合理

▶ 概念是独立的，彼此间无须相互依赖：一个概念是应该独立地被理解、设计和实现的。这种独立性是概念的简单性和可重用性的关键。

▶ 软件存在依赖性。这并不是说一个概念需要依赖另一个概念才能正确运行，而是说只有当一个概念存在时，包含另一个概念才有意义。

▶ 概念依赖关系图简要概括了软件的概念和概念存在的理由。概念依赖关系图有助于规划设计和构造软件的顺序、识别概念分组以及解释概念结构。

概念组合允许单个概念在相互关系中发挥特定的作用。例如，当标签概念和待办概念结合在一起，用户就可以给待办任务添加标签，这时待办概念就成为标签概念应用的对象。

概念组合本身是对称的，因为同步的操作是平等的。然而，概念组合可以引入不对称性，因为一个概念可以增强另一个概念的功能。标签概念扩展了待办概念的功能，现在除了添加待办任务，还可以给待办任务添加标签。但反过来就没有意义了，没有人会先创建标签，然后再扩展出与标签配对的任务。

不对称性揭示了软件结构的重要性，这正是本章要探讨的内容。我将用一个简单的关系图来解释概念之间的依赖性，该图可以总结概念及其作用。

也许你会对引入依赖性感到奇怪，因为之前我总是在强调概念间的独立性。但实际上这并不矛盾。概念的独立性确实是概念的本质。本章要讨论的依赖性源于概念在整个软件场景中的作用，更多关注软件的属性而不是概念的属性。

从概念到软件

有一些产品必须一开始就是成熟的，比如飞机或核电站。对于这样的产品，人们是不可能先部署所谓的"最小可行产品"，后续再按需调整的。

但在大多数情况下，渐进式的开发会更好，因为这样开发人员能在早期就获得对其设计工作的反馈，评估已部署部分的价值，并在发现问题时及时处理。因此，每次增加几个概念，这种渐进式开发对新软件的设计是有意义的。

但渐进式开发并不是单纯地增加概念。有时也会删除概念，可能是因为开发人员发现它没有实现预期的作用，或者是因为存在一些不易修复的致命缺陷，或者是因为它的功能可以通过另一个概念的扩展来实现。有时，也会改进和完善现有概念，在理想情况下，这些概念不仅会变得更强大，而且它们的目的以及操作原则也会变得更有吸引力。最令人兴奋的是，有时会发现概念间可以进行的协同，协同扩展了软件的功能，却没有增加软件的复杂性。

无节制地增加概念可能导致优秀产品的瓦解。对成功的小型系统进行大刀阔斧的重新设计，尤其容易受到弗雷德·布鲁克斯（Fred Brooks）所说的"第二系统效应"（the second-system effect）的影响。在这种效应中，过度自信会导致采用臃肿、不必要的复杂解决方案。

如果能有一种方法简洁地表示软件的可能概念增量，将会很有帮助。同等重要的是，这种方法还能指明软件进行后续调整的方法。这就是概念依赖关系图能提供的作用。

建立概念清单

在第 2 章中，我曾提到概念是如何为软件构建映射的，这种映射就是概念清单，概述了概念的功能和目的。现在我们用一个虚构的软件来看看这种映射是如何生成的。

在这里我们将采用讨论的方式，就好像你正在独自设计这个软件。当然，大多数设计工作实际上是由团队完成的。这里，我们只讨论一个软件需要包含哪些概念，而忽略实际的概念设计中遇到的所有关键问题。

假设你喜欢听鸟鸣的声音，并想开发一个软件来帮助人们根据鸟鸣声识别鸟类。这里的基本需求是：想根据鸟鸣声识别鸟类。想用这个软件的人大概还会希望在软件上听到特定的鸟鸣声。

想想这个软件应当如何工作。也许是某个用户上传一段鸟鸣声的音频，然后其他用户听到这段音频并给出答案。现在你开始思考这个软件应该包含哪些概念。在发明一个新概念之前，先看看有没有现成的合适概念。是否可以用论坛（如 StackExchange、Quora、Piazza 等）中的问答概念：当有人提出问题时，其他人会给出答案。

你可能会问：为什么不直接使用这些现成的软件呢？通常这是解决问题的最佳方法。为了确定现有软件不可行，你需要知道现有软件的局限性，并确认它们真的存在一些问题。在鸟鸣识别软件这个例子中，问题可能是这些软件都无法让用户方便地上传和播放鸟鸣声，因此也许需要一个不错的软件整合其他软件的功能，这样就可以实现鸟鸣声的录制和发布。

现在我们假设你已经说服自己需要设计一个新的软件，并且有了一些种子概念，比如问答和录音。那么还需要哪些概念让软件的条理更加清晰呢？显然，由于你依靠众包，因此还需要能达成用户共识的概念，所以你可以增加投票概念，这样用户可以对别人的答案表示支持。

当考虑如何使用这个软件时，你可能意识到需要想办法加强鸟类识别的功能。用户可能希望搜索特定鸟类的鸣声，并收听该鸟类鸣声的录音。所以你试探性地添加了一个识别概念，虽然目前还不确定这个概念如何工作。也许当用户回答问题时，他们可以通过添加标签来识别鸟鸣声，然后软件就可以自动在用户投票结果中找出对应的鸟类及其鸣声的音频链接。最后，你决定添加用户概念来认证用户的贡献。至此，你对这个软件已经有了粗略的轮廓，你将它称为"鸟鸣 0.1"。

通用概念清单

到目前为止，我们有以下概念及其目的。

- 问答：支持用户回应问题。
- 录音：允许用户上传音频文件。
- 投票：依据用户支持与否，对答案进行排名。
- 识别：支持多个用户提供答案，并对答案进行分类。
- 用户：对答案和提供答案的行为进行认证。

注意这里给每个概念都赋予了一个通用的目的。当然，在特定软件的场景中，概念都是具体的。例如在"鸟鸣 0.1"中，问题就是鸟鸣声是哪种鸟类的；音频就是鸟鸣声；得到投票的贡献就是被识别出的鸟类。甚至识别鸟类这种具体的功能，也使用了更通用的术语，这样做是希望更容易从相关概念中得到灵感和经验，例如从 Facebook 的标签概念中。

使用通用的概念不仅可以重用以前软件中的设计知识，还有助于简化设计。越不局限于鸟类的概念越容易让人理解。例如，你也许想在识别概念中加入对鸟类性别的识别。不过这本来就是一个坏主意：除非你对软件有更多的经验和使用方式的理解，否则没有理由相信加入这种功能比增加其他功能更重要。如果你想将不同的鸟类联系起来，一个更合理的方式是用鸟类间的关系概念来丰富识别概念。关系概念不仅可以用于识别性别差异，还可以识别物种差异。

概念依赖关系图

由于每个概念都是通用且独立的，所以在传统的软件工程意义上不存在概念间的依赖关系。但概念之间存在其他依赖性，这与概念本身无关，而与它们在整个软件中的作用有关。

比如投票概念。显然，如果软件中没有投票对象，就不需要投票概念！而且投票对象大概是一个问题的答案，如"麻雀的叫声"。

所以我们说投票概念依赖于问答概念，因为没有问答概念，就不必有投票概念。将鸟鸣识别软件中所有依赖关系汇总在一起，就能得到图 6-1 的概念依赖关系图。

有时，一个概念的存在可能依赖其他好几个概念。在这种情况下，我们会将其中一个依赖关系标记为主要依赖（实线箭头），将其他依赖关系标记为次要依赖（虚线箭头）。次要依赖表示一个概念不太重要的存在理由。

用户概念首先依赖问答概念，因为采用用户身份验证的主要原因是确保问题和答案能够与个人强关联；其次依赖投票概念，因为身份验证也可用于防止重复投票。第二种依赖关系没有那么重要，如果只是为了防止重复投票，也可以识别 IP 地址或浏览器 ID。

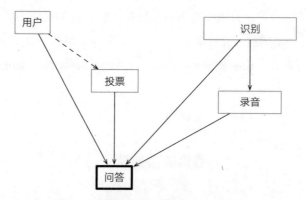

图 6-1　鸟鸣识别软件的概念依赖关系图

注：实线箭头表示主要依赖，虚线箭头表示次要依赖。黑色粗体框内是核心概念。

图 6-1 可以告诉我们哪些概念是该软件的核心，哪些概念可以被省略。由于每个概念都直接或间接地依赖问答概念，没有了问答概念该软件就无法存在。只要该软件包含这些概念中的任何一个，就必须包含问答概念。但问答概念可以单独存在，只是没有其他概念来增强它的功能。需要承认的是，这是一个相当薄弱的软件：没有用户概念意味着无法进行身份验证；没有投票概念意味着用户无法为答案做出贡献；没有录音概念意味着提问中的鸟鸣声必须用文字描述，或者要链接至网络上的其他文件。

概念的任何子集都可以构成一个完备的软件，只要不存在指向该子集的依赖方。例如，可以用问答、录音和投票概念制作一个软件。但我们不能用识别和问答概念做一个软件，因为识别概念依赖录音概念。在鸟类识别软件中，识别概念可以提供反向查找功能，即赋予特定的鸟鸣特定的标签。如果没有录音概念，这个功能就无法实现。

因此，图 6-1 描述的不仅是鸟类识别软件，而且是所有可以由这些特定概念构建的软件。软件开发人员将这样的软件集合称为产品线。产品线的每个完备子集代表这些特定概念可能构建的软件。

子集还可以表示软件开发的不同阶段。在开发的任何时间点，你都希望拥有一个完备的子集，以便将其作为一个完整的单元进行评估。如果你完成了一个子集，这个子集包含投票概念却不包含问答概念，那么你将难以制作一个理想的测试产品，因为没有投票内容。

图 6-1 还提供了解释一个软件的合理顺序。你不能一次性解释一个软件，而是要按顺序一次解释两个概念。但是什么顺序是合理的呢？依赖关系图告诉我们何时应该引入一个概念。因此，如果我们向新用户解释鸟鸣识别软件，合理的解释顺序是这样的：

问答、投票、用户、录音、识别

而不是这样的解释顺序：

投票、问答、用户、识别、录音

如果在问答概念之前引入投票概念，因为缺少投票内容，你就无法解释投票概念，更不能演示这个软件。

一些熟悉的软件结构

为了进一步说明概念依赖关系图，以及它如何为设计带来洞察力，我们来看一些熟悉的软件结构。

Facebook

图 6-2a 显示了 Facebook 的关键概念及其相互关系。其中的基本概念当然是帖子概念。评论概念是针对帖子概念的，因此评论概念依赖帖子概念。回复概念允许用户对评论进行回复。用户概念主要是进行身份认证。

朋友概念很有趣。由于它的目的是允许用户控制其他用户的访问，因此它不仅依赖用户概念，还依赖帖子概念。标签概念能够识别出帖子中涉及的用户，因此它依赖用户概念和帖子概念。最后，点赞概念主要依赖帖子概念，但也依赖评论概念和回复概念。

Safari

图 6-2b 显示了苹果浏览器 Safari 的关键概念。如你所料，URL 是其基本概念。为了便于布局，我把它放在了中间而不是底部。URL 概念体现了可以通过向具有持久名称（即 URL）的服务器发送请求获取资源的思想。html 概念允许将这些资源标记为网页，但大多数浏览器概念并不依赖 html 概念，并且资源仍然可以在不包含 HTML 渲染的浏览器中使用，但这会是一个相当薄弱的浏览器。缓存概念仅依赖 URL 概念，缓存概念通过存储以前向特定 URL 发送请求后返回的资源，帮助浏览器更快地运行。证书概念确保与浏览器通信的服务器确实对应 URL 中的域名，因此仅依赖 URL 概念。隐私浏览概念提供了一种模式，即不向服务器发送 cookie，以保护用户身份，所以它依赖 cookie 概念。

Safari 的概念依赖关系图的顶部是书签概念及其三个变体。收藏夹概念与书签概念类似，允许用户保存 URL 供后期访问，但这些 URL 会显示在工具栏中每个新打开的选项卡上。经常访问概念允许用户多次访问过的网站自发创建书签。阅读列表概念也类似于一个书签，但该概念跟踪的是一个网页是否已被阅读，并下载该网页以供用户离线阅读。这些相似概念的扩展，以及它们之间的细微差别，为更多的协同设计提供了机会。离线访问网页并将网页标记为已读的功能可以将网页添加到书签中。用户可以将经常访问的网页作为特殊文件夹添加到常规书签中，以便在不需要它们时将其删除。

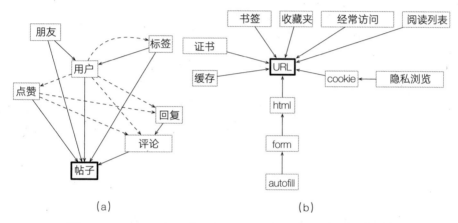

(a)　　　　　　　　(b)

图 6-2　Facebook（图 a）和苹果 Safari（图 b）的概念依赖关系图

Keynote

图 6-3 显示了苹果幻灯片演示软件 Keynote 的关键概念。幻灯片概念位于底部。特殊块概念可以生成标题、正文和幻灯片编号，它们可选地出现在每页幻灯片上，并在母版幻灯片中提供默认格式。主题概念允许共享母版幻灯片的特性（为了一致性和易用性），并且自然地增强了文本样式概念。文本样式概念将一系列样式汇集在一起供跨文档重用样式。

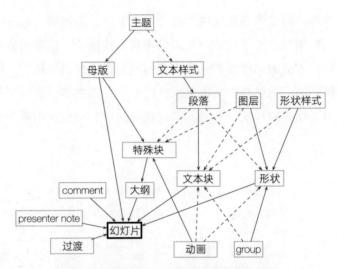

图 6-3　苹果 Keynote 中的概念依赖关系图

　　除特殊块概念之外，还有单独的文本块概念，以及形状概念。形状概念也可以容纳文本，但不能自动扩展以适应内容。文本总是按段落概念分割的。标准的样式概念有两个实例，一个用于段落中的文本，另一个用于形状。图层概念支持形状和文本块的堆叠分别通过"置于底层"和"置于最前"的操作。动画概念主要支持对特殊块中的点进行渐进式显示，但也可以对形状和文本块的外观进行排序。

The Essence of Software ————————————————————————————————
练习与实践

▶　在设计软件时，考虑一次设计一两个概念。在开始时，确
定一些初始概念，这些概念将构成所有后续概念的基础。

▶　绘制概念依赖关系图，以简洁地了解软件中的概念及它们
的关系。每次在设计中添加概念时，请仔细考虑它依赖哪
些概念。通常依赖的概念越多越好，因为这意味着该概念
的用途更广泛。

▶　在考虑概念的原型或构建顺序时，可以参考概念依赖关系
图，以便在任何时候都有一个一致的子集。

▶　要探索简化软件的方法，可以评估一致的子集，并估计每
个子集带来的价值。也许会存在只需付出一小部分成本却
可以带来大部分价值的子集。

▶　在编写用户手册或开发帮助指南时，使用概念依赖关系
图，以最有效和最合理的顺序呈现概念。

The Essence of Software

07

概念的映射，
从底层概念到物理界面

▶ 概念需要映射到具体的用户界面，将操作映射为单击按键等手势，并将概念状态映射到各种显示视图。

▶ 应用用户界面设计原则时，概念有助于聚焦映射问题。在 Java 案例中，我们将看到在同一个菜单中将安装和卸载混为一谈会导致混乱，而映射如果能更关注底层概念结构，就会更清晰。

▶ 有些概念本身就比较复杂，需要更多映射上的创造，有时甚至需要在用户界面中添加明确的注释。

▶ 试图使用户界面比底层概念更简单可能会适得其反。在 Gmail 案例中，系统给邮件添加了标签，界面将标签与会话相关联，这虽然简化了视觉外观，但影响了 Gmail 的可用性。

▶ 映射必须考虑典型的使用模式，正如 Backblaze 和苹果邮件案例展示的，典型的使用模式可能比执行单个操作更复杂。

▶ 用户界面尽管很具有表现力，但可能无法将一切变得清晰，界面中的工具包可能会限制映射设计。

你可以认为软件的概念一直在后台运行。用户界面提供按键来激活概念进行操作，并实现概念状态的可视化。因此，当用户点击社交媒体软件的"点赞"按键时，点赞操作被激活。这个操作的结果——投票概念中状态的变化，会反映在显示给用户的点赞数量中。

创建用户界面不仅包括视觉的设计，它的本质是设计一种从底层概念到物理界面的映射。软件界面设计师通常会通过创建多个界面和菜单塑造这种映射，并用流和链接连接界面和菜单，然后在其中嵌入连接到概念操作和状态的控件和视图。

人机交互研究人员对映射的设计进行了广泛的研究，他们制定出的指南主要适用于设计的物理层次和语言层次，这一指南同样适用于通过概念设计的系统。

　　但是，概念提供了机会以完善（甚至可能是重新思考）设计的概念层次与物理层次、语言层次的关系。因此，本章重点介绍一些案例来说明映射设计是多么棘手和复杂，以及应当如何深入了解其中的基本概念。

如何让一个简单概念变复杂

　　即使是一个简单的底层概念，也仍然可能由于一个映射的设计而难以使用。上周，我的电脑桌面出现了一条弹窗消息，询问我是否要将 Java 升级到最新版本。我点击了"是"。当我运行 Java 安装程序的时候，屏幕上显示了一个菜单，包括安装（Install）和移除（Remove）两个按键（见图 7-1）。

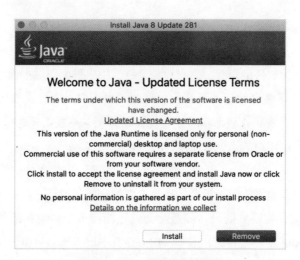

图 7-1　Java 安装程序的菜单

　　现在你可能会认为这并没有什么让人混淆的地方，但我还是把自己搞糊涂了。也许安装按键是调用安装新版本软件的操作。那么移除按键有什么作用呢？它似乎会删除我当前安装的版本，除此之外别无它用。

这似乎是合理的解释，毕竟"安装"和"移除"这两个词就是这个意思。那我为什么会糊涂呢？首先，我刚刚下载并运行了安装程序来响应这个升级的提示，所以我不太可能只想删除旧版本。另外，许多安装程序会提供删除旧版本、用新版本替换旧版本和仅安装新版本三个选项。由于界面中的移除按键是高亮显示的，因此移除旧版本也许就是"移除"最有可能的解释。

也许是菜单的设计者意识到了这种混淆，所以制作了唐纳德·诺曼说的"用户手册"，对安装和移除进行了冗长解释。

其实原本可以怎么做呢？首先，安装概念有两种完全不同的操作原则，一种是安装和使用，另一种是卸载并回收存储空间。如果想让这两种操作原则同时成立，可以将它们作为单独的工作流或选项卡提供给用户。其次，"删除旧版本并替换为新版本"与"卸载"有着很大的不同。前者可以在"安装"按键旁提供选项，如"是否删除旧版本？"；后者可以标记为"卸载"，而不是"移除"。

总之，我可怜的读者可能已经受够了这个不起眼的案例。我只想说，关于概念的问题总是处于潜伏的状态，即使在一个只有两个按键且都是常用词语的菜单中也是如此。

在界面中提供用户手册

有时概念会非常复杂，即使是最好的设计师也无法在没有额外解释的情况下说明操作或状态的含义。在第 1 章中，我描述了 Backblaze 的通知"你已备份：今天下午 1:05"如何由于其备份概念的复杂性而带来误导。

这个通知并不意味着在下午 1:05 之前保存的文件都已得到了安全备份。

为了更好地说明这一点，我可能会将通知改为"最后一次备份：今天下午1:05"，并在下面添加一句类似这样的说明："下午 12:48 开始扫描，在此之前保存的所有文件都已备份。"或者更保守些，我可能会将通知改为"您已备份：今天下午 12:48"，并在下面附加上这样的说明："此备份已于下午 1:05完成"。

苹果在菜单中使用的"请勿打扰"概念也采用了这种说明方法。在"允许重复呼叫"复选框下方，有一行较小的灰色字：启用后，三分钟内来自同一人的第二次呼叫不会被设为静音。

有意混淆的深色图案

软件或系统可以促使用户做出违背自身利益的行为，从而使用户执行某项操作，或者根本不执行某项操作。软件或系统通常通过有意（甚至恶意）混淆底层概念的映射来实现这一点。

请愿网站 change.org 中就包含若干这样的混淆。几年前，我起草了一份请愿书，以说服市长不要在当地公园的中央新建一座城市建筑。我注意到，每次我查看自己的请愿书时，支持者的数量似乎都有增长；并且在我查看的过程中，支持者的数量都在持续增长（见图 7-2）。

然后我意识到，由于我是请愿书的所有者，屏幕左上角有一个只有我能看到的支持者的实际数量。每当我查看请愿书时，右上角的计数器都从一个低于实际数量的数字开始上升，几秒钟后，不断增长的计数总会与实际数字达成一致，这给人一种支持者数量正实时上涨的假象。

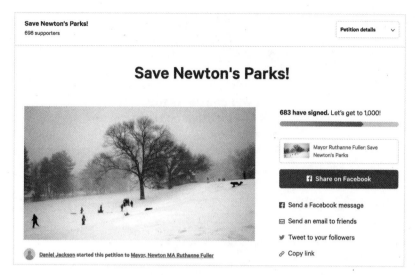

图 7-2　change.org 的请愿者视图

注：请愿者看到的支持者数量是 683，而实际数量是 698。

更阴险的是，当支持者签署请愿书后，会收到一个捐款请求（见图 7-3）。大多数人会合理地认为，这里的捐款概念与请愿概念会以特定的方式同步，即支持者的捐款会汇到请愿组织者手中，以资助他们的事业。但事实上，这笔钱被用于在 change.org 上做广告（其域名也具有误导性——它根本不是非营利组织）。在我的这份请愿书中，支持者向 change.org 捐款超过 2 000 美元。如果我之前了解捐款概念的操作原则，我会警告我的支持者不要捐款。

有时，映射会混淆按键引发的操作。亚马逊网站给我提供了一个免费注册并试用亚马逊会员（Amazon Prime）的机会，并提供了两个看起来像按键的选项。一个按键写着"免费试用亚马逊会员"（Try Prime FREE）；一个按键写着"Continue with FREE One-Day Deliver"（继续注册，享免费次日送达）。也就是说，两个按键都激活了注册操作！而"继续但不注册亚马逊会员"（Continue and don't gain Amazon Prime benefits）的选项是通过点击按键左侧不起眼的链接提供的（见图 7-4）。

图 7-3　change.org 向支持者发出的捐款请求

图 7-4　亚马逊网站注册会员的页面

软件或系统还可以通过简单地隐藏重要信息或限制用户访问来影响用户行为。例如，许多航空公司的常旅客里程的到期时间都很难被发现，航空公司期望在旅客意识到这个问题之前里程就会到期。这只是常旅客概念有悖于旅客利益的一个方面。类似地，PayPal 也被指控隐藏用户的账户余额，再加上缺乏自动将收到的资金转移到外部银行账户的同步，PayPal 需要用户自费维持余额以及自身的利润最大化。

Gmail 标签的秘密

Gmail 用标签概念来组织邮件。例如，你可以自定义一个黑客标签，并将其添加到你与极客朋友讨论编程的邮件。之后，如果你想查找这个有关编程的邮件，就可以用这个标签进行搜索。

Gmail 是我之前在第 5 章中提到过的一个很好的协同组合的案例，它使用特殊的系统标签标注已发送和已删除的邮件。标签概念使各种查找角度得到了统一。例如，点击"已发送"按键可以得到已发送邮件的列表，这只是简单地调用了对已发送标签的查询操作。

Gmail 还提供了会话概念，会话概念的目的是将相互关联的邮件组合在一起，以便用户一起查看邮件、邮件的回复，以及回复邮件等。

将上述这些概念组合起来映射是具有挑战性的。Gmail 的设计者选择只对邮件添加标签，而在会话中显示标签。这导致了一些异常。图 7-5 中的会话带有两个标签——黑客（hacking）和聚会（meetups）。可以肯定的是，用其中任何一个标签查询，都可以查到这个会话。但是，同时用这两个标签查询，却查不到这个会话（见图 7-6）。

图 7-5 Gmail 的标签

图 7-6　Gmail 的标签查询

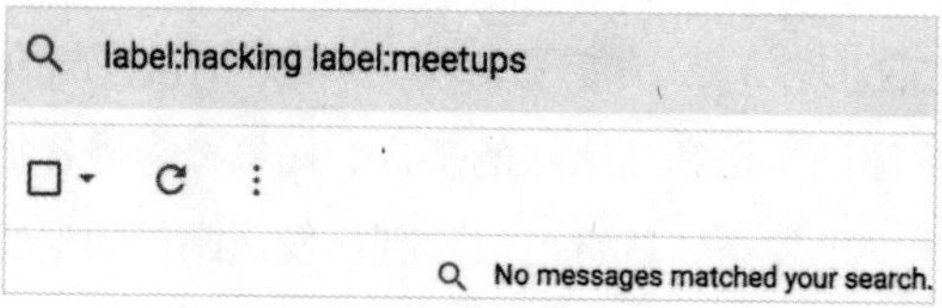

　　虽然有些令人惊讶，但这并不是一个缺陷。因为会话中显示的标签是它所有邮件的标签集合。在这个例子中，会话中的一封邮件被标记为 hacking，而另一封邮件被标记为 meetups，因此，会话显示有两个标签。但由于没有一封邮件同时带有这两个标签，因此同时用这两个标签查询不会得到任何结果。

　　你可能会想，会话中的不同邮件怎么会有不同的标签？当你为会话添加标签时，实际上为会话中的每封邮件添加了这个标签。但是你可以定义规则：根据邮件内容为邮件添加标签。而且当你给会话添加标签时，可以只影响会话中的当前邮件，之后添加的邮件并不会自动继承标签。此外，也有一些标签（例如已发送标签）会自动添加至已发送邮件。

　　在实践中，这种设计带来的更普遍的麻烦是：当你用一个标签查询时，你会得到含有这个标签的邮件所在的所有会话，但你无法区分会话中的哪些特定邮件实际上带有这个标签。

例如，当你在 Gmail 中单击"已发送"（in:sent）来查找已发送邮件时，会得到一个会话列表，其中包括了已发送邮件，也包括不是你发送的已发送邮件（见图 7-7）。Gmail 的设计者通过显示默认的已发送邮件和折叠其余邮件缓解此问题，但这种区别不是很明显。

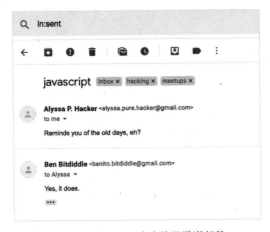

图 7-7　在 Gmail 中查找已发送邮件

更糟糕的是，这种默认和折叠策略似乎只适用于已发送邮件。在其他情况下，会话中除了最近的邮件都会被折叠。这种差异证明 Gmail 的设计者意识到了这个问题，但尚未解决它。

可理解但无用的 Backblaze 存储

到目前为止，我们看到的所有案例，其问题都在于用户界面不够清晰：控件和视图的含义在底层概念上不太明确。有时含义足够清晰，但映射使得用户难以执行操作或获取所需的信息。

Backblaze 是一个出色的备份软件（正如我在第 1 章中提到的），我已经使用它好几年。它备份速度非常快（每天最多可达 200 GB），设置很简单，而且看起来很可靠。此外，用户也很容易就能恢复文件的最新版本，只需到网站的恢复页面选择文件，然后单击下载即可。

然而，要想恢复文件的旧版本却并不容易。Backblaze 的菜单为用户导航了文件系统（见图 7-8 左侧）以便用户找到感兴趣的文件夹（Folders），并允许用户选择文件夹中要下载的文件（见图 7-8 右侧）。

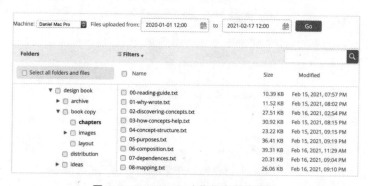

图 7-8　Backblaze 中恢复文件的菜单

注：按日期来筛选文件，这似乎是一个合理的映射。

要恢复文件的旧版本，用户可以在菜单顶部输入两个日期。通过设置起始日期，可以筛选出在该日期之后修改的文件；通过设置截止日期，可以筛选出要恢复文件的最后一个版本。例如，如果选择 2021 年 1 月 1 日至 2021 年 3 月 1 日的文件，你将只会看到在 2021 年后修改（或创建）的文件，并且你恢复的版本将是在 3 月初或在此之前备份的最后一个版本。

但是这里有一个问题。想象一下，你发现有一个重要文件因为某种原因损坏了，你想恢复上一个未损坏的版本。如果你知道损坏的日期，那么你只需在恢复菜单的"截止日期"中输入该日期即可。但如果你不知道损坏日期，那你只能手动搜索未损坏的版本。

你也许可以将每一天的文件都恢复出来并依次查看，直到找到未损坏的版本。如果你知道损坏发生在 1 月 1 日至 3 月 1 日之间的某个时间，你可以从 3 月 1 日开始往前反复恢复和查看，顶多需要恢复和查看 60 次，直到回到 1 月 1 日。

这可能看起来也没什么大不了，但每次你在恢复菜单中更改截止日期，都必须重新加载文件列表（这大约需要 20 秒）。接下来，由于文件列表已被重置，你需要再次向下滚动文件列表以找到你需要的文件，然后恢复文件并查看。

不用说，这是一个烦琐的过程。其底层概念没有问题，用户可以访问所有旧版本的文件，问题是概念的映射让访问很困难。一种可能的解决方案是显示文件的所有版本及其修改日期，并允许用户一次性下载这些文件，Carbonite 和 Crashplan 等其他备份软件采用的就是这种方式（见图 7-9）。

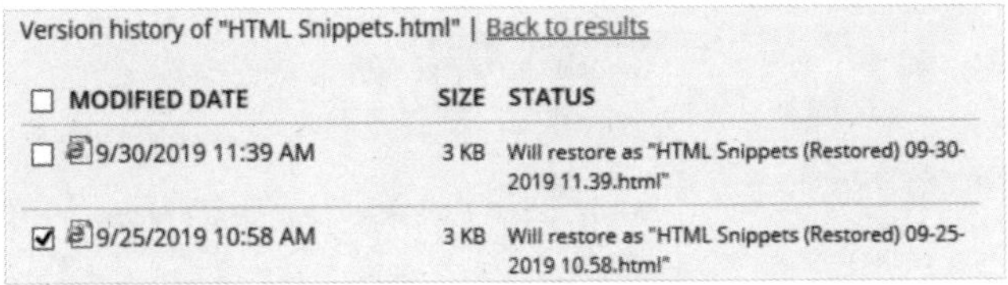

图 7-9 Carbonite 用于恢复文件的菜单

一个实时查看的难题

假设有一个软件能够呈现一个项目集合，这个集合由其中的项目共有的某些属性定义，并且用户可以在查看这些项目时修改它们。这里的问题是：如果用户对某个项目的修改使该项目成为集合成员的属性无效，会发生什么？

　　苹果邮件的旗标（flag）概念就属于这种情况。苹果邮件有七种不同颜色的旗标，用户可以自定义旗标的含义，并将旗标添加到邮件，同时可以过滤带有给定旗标的所有邮件。

　　旗标概念维护了邮件与其旗标的映射。当用户单击图 7-10 左侧边栏中的旗标时，苹果邮件会显示带有该旗标的所有邮件。

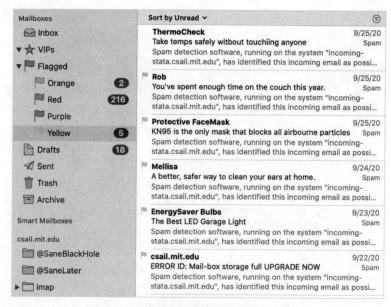

图 7-10　苹果邮件中旗标概念的巧妙映射

注：图中显示了带有 Yellow（黄色）旗标的邮件。其中，第一封邮件已失去了该旗标，
但仍被列出。

　　起初，你可能会认为，单击旗标会映射到旗标概念中的一个操作，即过滤带有该旗标的所有邮件。但最好能将这一操作看作更精细的映射，即将界面切换到显示有旗标邮件的模式。这样映射会更好，因为它允许实时显示界面，如

果有旗标的邮件列表发生了更改，则可以实时动态更新。

现在就面临难题了。如果在查看已有旗标的邮件列表时，选择其中一封并删除其旗标，会发生什么呢？一个看似显而易见的解决方案是立即从列表中删除该邮件，以确保一致性，即显示的邮件确实都带有给定的旗标。

但在实践中，这会是一个糟糕的映射设计。试想一下，你选中了一封邮件，不小心删除了它的旗标然后想要恢复。当你删除旗标后，邮件会从列表中消失，你甚至可能无法找到需要恢复旗标的那封邮件！讽刺的是，正是为了方便查找才给某些邮件加了旗标！

一个更可取但也许违反直觉的设计是，不实时更新邮件，并保留所有那些最初显示的邮件。当你删除一封邮件的旗标时，该邮件仍然存在于邮件列表中，但是如果你退出旗标视图，稍后再返回时，这封邮件将不再出现。

为了使这个方案有效，列表中的每封邮件都必须单独加旗标。乍一看，这似乎没有道理，因为根据旗标概念的定义，初始显示中的每封邮件都必须有旗标。但是，当你更改邮件的旗标时，你会看到旗标消失，但邮件仍然保留在列表中，并且仍然处于选中状态，这样你可以轻松恢复旗标。这正是苹果邮件的操作原则：在图 7-10 中，我删除了顶部邮件的旗标，但它仍然在列表中显示。

解决模棱两可的操作

通常，用户的操作意图都很容易理解，但有时也会模棱两可。尤其是当一个操作的参数依赖先前操作的选择时，更容易发生模棱两可的情况。让我们看一个例子。

　　在集合概念中，当项目分类可能出现重叠时，项目可以被添加或删除。使用集合概念的软件 Zotero 可以将论文的引文组织为集合；Safari 提供了书签的集合；Adobe Lightroom 允许用户定义照片或电影的集合。

　　集合概念与文件夹概念的显著不同是，在集合概念中，一个项目可以属于多个集合。将项目 i 添加到集合 c 这一操作通常很容易得到映射，并且可以通过将项目拖到集合中来完成。

　　从集合 c 中删除项目 i 的操作会棘手一些。问题在于，在某些软件中，用户可以一次选择多个集合。这是一个重要的功能，因为它让用户可以在一个视图中看到项目所属的多个集合。图 7-11 显示了在 Adobe Lightroom 中选择两个重叠的照片集合。

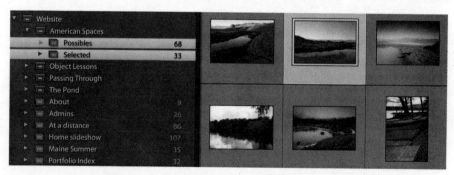

图 7-11　Adobe Lightroom 中集合概念的映射困境

注：图中显示了两个集合，当选择要删除的照片时，用户并不确定该软件会从哪个集合中删除它。

　　集合概念使删除操作变得模棱两可。用户可能希望删除一个项目，但是，如果所选项目属于两个集合，用户会不清楚软件会从哪个集合中删除它。

　　这是一个讨厌的映射问题。当我在 2020 年末第一次起草本章时，Adobe

Lightroom 会显示一条警告消息，通知你尝试的操作存在不明确的删除请求。现在（2021 年 2 月），Adobe Lightroom 简单地将我选定的项目从它所属的所有集合中删除。

标准控件不够用的问题

有一些概念操作的参数既可以是一组数值，也可以是 none 值，即没有选择任何值。例如，在格式概念中，可能会有一个操作 set (p, v)，它将格式属性 p 设置（set）为值 v。如果你想设置一个之后可以撤销的属性，你可以将其设置为 none 值。

我在第 3 章的部分样式示例中提到过这种设置。样式概念的想法是可以定义一种样式，只指定其中部分格式属性的值。例如，你可以定义一种被称为"强调（emphasis）"的字体样式，这种样式将字体设置为斜体（italic），同时保持字体所有其他属性不变。

现在考虑如何将强调样式映射到用户界面。我们不仅需要能够将字体设置为斜体，而且需要能够取消这一设置。也就是说，可以将字体样式设置回默认值 none。这与将字体设置为 Roman 不同，将字体设置为 Roman 会导致原来就是斜体的字体样式被更改。

微软 Word 和 Adobe InDesign 的最新版本提供了部分样式功能，这一功能是通过标准用户界面控件的扩展来实现的（见图 7-12b）。布尔复选框变为了三态控件（开、关和未设置），并且下拉菜单是可扩展的，因此，除了从下拉菜单中选择一个值，用户既可以将所选的值当作文本字段来编辑，也可以将其删除，即取消设置该值。这并没有看起来那么违反直觉，因为文本字段也可以自动填充，这在下拉菜单包含许多条目时会很有帮助。

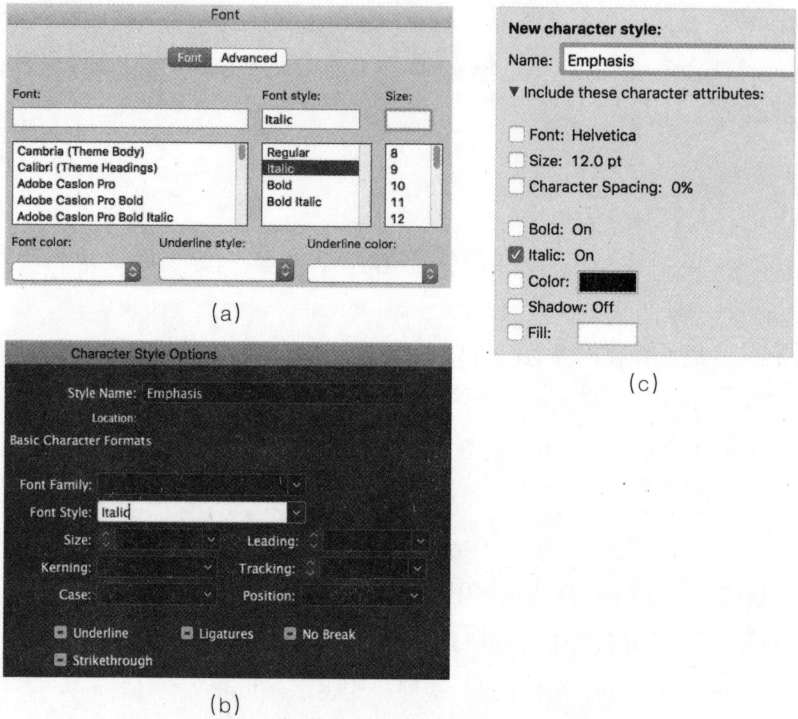

图 7-12　在部分样式菜单中映射 none 值

注: 最新版本的 Word 和 Adobe InDesign (图 b) 使用扩展控件, 例如下拉菜单, 下拉菜单的输入条目可以作为文本进行编辑; 早期版本的 Word (图 a) 采用一个独立的字体选择菜单, 用于填充可编辑文本字段; 苹果 Pages (图 c) 则使用了复选框。

在这些软件的早期版本中, 用户不能使用扩展的用户界面控件, 不得不忍受笨拙的界面或使用变通方法。

多年来, 在 Word 中取消部分样式的设置只能通过编写 Visual Basic 脚本实现。后来出现了一个复杂的菜单, 允许用户从列表中选择字体, 然后填充一个可编辑的单独文本字段 (见图 7-12a)。

在 Adobe InDesign 中, 用户一旦设置了属性, 就无法取消设置, 除非使用

148

"重置为默认"操作，该操作会清除样式的所有属性。

　　苹果 Pages（见图 7-12c）给每个设置添加一个复选框，这个解决方案虽然干净清晰，也不需要花哨的界面控件，但最终被放弃了，大概是因为它需要太多存储空间。

　　本章前面的所有案例都适用于任何用户界面。最后的案例很有趣，因为它们暴露了当前用户界面工具包的局限性，这些工具包没有提供"取消设置"的方法。

练习与实践

▶ 在进行用户界面设计时，首先要考虑如何单独映射每个概念。然后可以扩展视野，考虑如何将需要映射的概念在屏幕上组合在一起，以及它们之间如何过渡和建立链接。

▶ 当你为概念设计映射时，首先要确保每个操作在相关的用户界面中都是可用的，并且概念状态在需要时能以一种可理解的方式呈现。

▶ 根据概念的操作原则和用户最可能的可用操作检查用户界面的设计。

▶ 与之前一样，基于概念的方法的关键优势是，概念通过分解通用功能，可以使你更容易发现重要的前期工作。因此，在设计概念的映射时，可以查看一下在其他软件中该概念的映射方式。

The Essence
of Software

第三部分

谨记概念的原则，
让好设计源源不断

The Essence
of Software

08

概念的特性，
概念与目的一一对应

- 专一性原则（specificity principle）认为概念与目的应该一一对应。这个简单的原则对概念设计有着深远的影响。

- 很少有没有目的的概念，但如果本应隐藏的用户机制被暴露，可能会产生没有目的的概念。

- 没有概念来实现目的可能是因为设计者领域之外的限制，有时或许只是因为严重的疏漏。

- 概念冗余，即多个概念服务于同一目的，会导致用户困惑与资源浪费。

- 概念过载，即一个概念具有多个目的，其产生方式有以下几种：错误聚合，设计者错误地将多个目的当成一个目的；目的被拒，即设计者有意忽略用户目的；突发目的，概念随着时间的推移演变出新的（通常是不兼容的）目的；搭载现象，即设计者试图将新目的挂靠在旧概念上，以便减少设计和实现工作。

- 上述情况会导致软件复杂性的增加和清晰度的降低。无目的的概念会扰乱界面并迷惑用户；概念缺失则会导致更为复杂的交互；概念冗余在两个本应相同的概念之间引入了令人困惑的区别，并迫使用户用不同的方法来做相同的事情；概念过载会由于不相关目的的耦合而引入额外的复杂性。

- 软件的功能受限也会导致上述问题。概念冗余通常是由于在概念设计时只考虑了某些特定情况（可能是由子团队负责开发），而没有对软件的核心概念给予足够关注。概念过载会导致功能受限，因为第二个目的被强加到原有概念之上。

- 一致性原则有助于确认有多个组成部分的目的究竟算一个目的还是多个目的、是否可能整合为一个单一目的，各部分是否有共同的利益相关者、它们是否为一个共同的使命服务，以及它们之间是否有冲突。

本章主要阐述一个简单的原则，它能够非常有效地揭示设计中的问题。事实上，这个原则非常简单，你甚至可能会忽略它，但我希望本章中的案例能让你相信它的价值。

这条原则是，在软件设计中，概念和目的应该一一对应。也就是说，**每个概念都应该有一个激发它的目的；软件的每一个目的也都应该有一个完整的概念。**

你可能对一个概念至少应该有一个目的并不感到惊讶。概念没有目的还有什么意义？此外，对软件的确具有重要意义的目的，都应该有一个概念来实现它。每个目的都应该通过最多一个概念来实现并避免概念冗余。避免概念冗余当然也是合理的，因为可以节省精力。

我还有一个更激进的想法：一个概念最多只能满足一个目的。专一性原则已被证明是概念设计中最有用的原则之一，也将是本章最为关注的内容。

无目的的概念

无目的的概念是奇怪的，例如，我们在第 5 章看到的编辑器缓冲区，其将内部机制暴露给用户就属于这种情况。我已经用大篇幅讨论过这个话题了，本节不再赘述。

无概念的目的

如果对设计进行审视，你可能会发现有些基本目的并没有与之对应的概念来实现。毕竟所有软件都会随着时间的推移而发展，新的需求总会出现。但这里想说的并不是这类设计缺陷，而是那些设计之初就明显缺少概念的目的。

如果软件明显缺少一个概念，为什么软件设计师不立即添加一个概念？原因之一是，这是一个不易解决的挑战。例如，大多数电子邮件客户端都缺少通信人概念，该概念用于识别邮件的发件人和收件人。Gmail 这样的封闭电子邮件系统很容易实现通信人概念，但要想在更广泛的范围内实现这个概念，则需要通用的身份验证作为基础。

有了通信人概念，电子邮件的发件人字段就无法被伪造，垃圾邮件也将更容易受到控制。它还能带来不起眼但用户急需的好处。例如，在苹果邮件中，用户无法可靠地搜索指定发件人的邮件。搜索栏误导性地提供了按"人"进行搜索的选项，但结果表明该搜索只不过是对邮件中 from 和 to 字段的字符串进行了匹配。

大多数人有不止一个电子邮箱地址，所以搜索某人的名字会出现多个不同的结果。有些人在不同的电子邮箱账户中使用不同的名字格式，所以你可能需要在不同的字符串下搜索，以找到来自同一个人的所有电子邮件。在图 8-1 中，我使用我妻子的名字进行搜索，结果中甚至会出现我自己的电子邮箱地址。这可能是因为有人向我的电子邮箱发送了一封邮件，但 to 字段中有我们俩的名字。

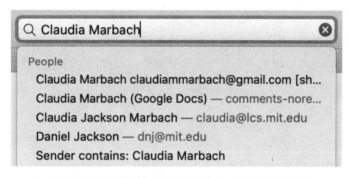

图 8-1 电子邮件中缺少通信人概念导致随机的搜索结果

以下是一些无概念的目的案例。

备份中的删除警告

大多数备份软件在其服务条款及其备份概念的行为中存在令人不安的漏洞。从计算机中删除的文件会在一段时间（比如 30 天）之后从备份中被删除。这一行为的意图很明确：阻止客户将备份服务当作无限期的云存储。

然而具有讽刺意味的是，人们需要备份软件的主要原因就是防止不小心删除文件带来的后果。备份软件可以提供一个概念来跟踪删除操作，并在删除操作发生时给出警告，这样就可以确定用户是否有意删除，以免在他们还没注意到之前就从备份中删除了文件。这个跟踪删除概念的设计并不简单，设计师还必须考虑重命名文件如何与删除文件区分的问题。

缺少样式概念

有时，一个概念在某一类软件中经常使用，但在另一类软件中却常常不可用，即使这个概念对于后者而言也非常有用。样式概念在文字处理软件和桌面出版软件中无处不在，但直到最近才出现在苹果的 Keynote 中，微软的 PowerPoint 仍然没有样式概念。没有样式概念就不容易保持格式的一致，尤其是对于一般通过排版方式加以区分的公式、代码和引用等文本。

不完整的模板概念

有时设计包含了一个概念，但由于软件的形式有限，导致这个概念的常规目的无法实现。大多数网站制作软件都包含模板概念（有时称为主题概念），其目的是将视觉设计与内容解耦。这让网站制作者可以专注于网站的内容，只需选择一个模板来确定布局、颜色和字体等。这种解耦设计的关键是网站制作者不需要一开始就确定模板，而是可以先试着加入一些内容，然后看看内容在模板里看起来如何。

Squarespace 实现了模板概念，但是在 2020 年初发布的 7.1 版本中，他们取消了切换模板的功能。这令人费解，因为新版本最显著的改进是所有模板统一了数据模型，人们认为这可能使模板切换更容易实现。

随着技术的普及，人们很容易认为软件设计中所有的核心问题都已经解决了。这些没有概念的目的表明，即使在人们最熟悉的软件中，还有一些最基本的需求没有得到满足，软件设计师仍然有重要的工作要做。

概念冗余

如果存在另一个用于相同目的的概念，那么当前的概念就是冗余的。这可能是因为设计师最初看到了两个截然不同的目的，但最终却发现它们只是同一个更通用目的的变体。以下是概念冗余的案例。

Gmail 的分类概念

Gmail 引入了分类概念，其目的是支持邮件的自动分类（见图 8-2）。在这里，分类概念不是要在一个列表中显示用户收件箱中的所有邮件，而是将其分为"主要"（Primary，用于来自个人用户的电子邮件）、"社交"（Social，用于与社交媒体账户相关的邮件）、"促销"（Promotions，用于广告邮件）、"更新"（Updates，用于与通知、账单、收据相关的邮件）和"论坛"（Forums，用于与群组相关的邮件）这几类。

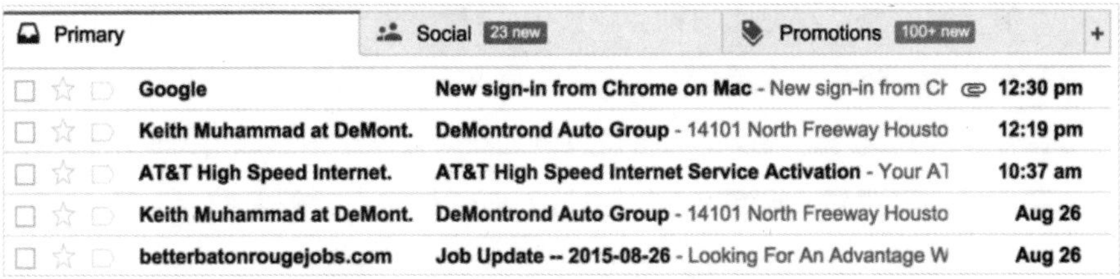

图 8-2　Gmail 的分类：一个冗余的概念

你可能以为这个新概念会受到用户热情的欢迎，毕竟，它提供了一个新的、强大的过滤功能，有望帮助用户整理收件箱，并给予用户更多控制权。然而，这个新概念遭到了大量文章和博客的批评。而且在很长一段时间内，在谷歌搜索"Gmail 分类"时，第一个搜索结果就是："如何摆脱 Gmail 分类？"

我认为，分类概念遭到否定的根本原因在于它是冗余的。一些博客这样批评：Gmail 的标签概念已经达到了邮件分类这个目的。无须用户干预，标签概念就能自动添加系统标签，如"已发送"，并且可以轻松适应新的分类算法。

既然如此，谷歌何不简单地利用系统标签来实现新的分类？这样做，用户就不必理解新的分类概念，以及区分分类概念和标签概念的使用规则。例如，只有分类概念可以分配选项卡，或者只有标签概念可以对收件箱之外的邮件分类。

Zoom 广播

在视频会议软件 Zoom 中，用户可以将与会者转移到"分组讨论会议室"。会议的主持人可以使用广播概念向所有与会者发送消息。

广播概念是一个冗余概念。Zoom 已经有了聊天概念，允许与会者在会议过程中互相发送消息。聊天菜单允许与会者选择将消息发送给特定的人还是所有人。但麻烦的是，在分组讨论会议室中，"所有人"仅指当前分组讨论会议室的所有人，与会者无法向其他分组讨论会议室的与会者发送消息。此外，一旦与会者进入分组讨论会议室，主持人也无法向其发送消息和同其他讨论室的与会者讲话。因为聊天概念不允许主持人向分组讨论会议室的与会者发送消息，于是就有了广播概念的用武之地。

可能会有更好的设计能够完全取代广播概念，并扩展聊天概念，使消息可以在分组讨论会议室之间发送，就像 Gmail 的分类概念和标签概念一样。但是目前，聊天概念和广播概念似乎具有相同的目的，但又不尽相同：广播消息在屏幕上闪过，而聊天消息则出现在滚动的消息记录中；广播消息可以跨越会议室，聊天消息则不能；广播消息会很快消失，聊天消息则会保留在消息记录中。最让人沮丧的是，广播消息只会出现几秒钟，用户无法点击其中包含的任何链接，也无法复制粘贴其内容。

在理想情况下，聊天概念应该包含这两个概念的特性。在分组讨论会议室里，聊天菜单可以将消息定向发送给整个会议期间的每个人。它将支持向所有与会者单独发送消息，即使他们在不同的会议室。特别是主持人将能够向会议室里的每个人发送消息，尽管他们可能不属于任何一个讨论室。

苹果邮件中的搜索和规则

苹果邮件有一个搜索框，允许输入邮件的各种属性，例如正文中的文本、发件人或接件人的名字，然后过滤出你想要的邮件（见图 8-3a）。另有一个菜单用于创建过滤邮件的规则，以筛选满足特定条件的邮件，例如筛选提及你名字的 from 字段（见图 8-3b）。

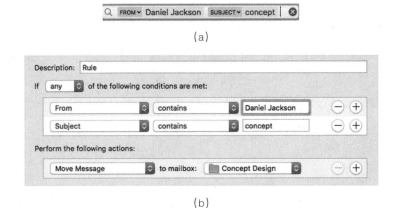

图 8-3　苹果邮件的搜索框（图 a）和创建规则的菜单（图 b）

　　搜索和创建规则这两个功能出自相同的目的，即过滤邮件，允许用户定义邮件的显示条件，以及应用某些操作，例如将邮件移动到一个文件夹。然而，这个共同目的实际上在两个不同的概念——规则和过滤器中实现了两次，只是两个概念提供的功能略有不同。规则概念可以指定不精确的匹配项（例如，包含而不是等于），可以检查 cc 字段，过滤器概念则不能；反之，过滤器概念可以指定已签名邮件，而规则概念则不能，等等。相比之下，Gmail 则将搜索和创建规则统一在了一个概念中。

　　综上所述，消除概念冗余将减少开发人员的工作，并为用户提供更简单、更强大的工具。

概念过载，一个概念最多只能有一个目的

　　最有趣的软件设计原则是一个概念最多只能有一个目的。一个概念不能很好地满足两个目的。目的指导着概念设计的各个方面。如果软件有两个不同的目的，它们必然会向不同的方向发展，而概念设计也必须在它们之间做出妥协。更有可能的是，这种设计最终连一个目的也无法完全满足，因为这个目的本来朝着一个方向发展，却被拉向另一个方向。

　　一个概念有两个目的，这种情况属于概念过载。概念过载的产生有四种原因。

- 错误聚合（False convergence）。错误聚合是指一个概念针对两个不同的功能，而这两个功能被错误地假设为具有相同的目的。
- 被拒目的（Denied purposes）。被拒目的是指被设计者忽略的目的，尽管用户有相应的需求。
- 突发目的（Emergent purposes）。突发目的是原有旧概念新产生的目的，通常由用户自己创造。

- 搭载（Piggybacking）。搭载现象指现有概念被调整或扩展以适应新目的。

每一种概念过载都有其补救方法。

- 尽可能准确地阐明单一目的，并检查概念的不同动机是否真正反映了同一目的，这样可以避免错误聚合。
- 认真对待用户的意见和经验，特别是那些技术水平较低和较不愿意采用新技术的用户，这样可以避免出现被拒目的。
- 突发目的是最难避免的，因为没有人能够预测设计将以何种方式影响其使用场景并创造新的用途。然而，只要意识到突发目的的出现，就可以添加新概念来解决这种概念过载。
- 最后，应该避免将概念用于相互矛盾的目的来优化设计的冲动，应认识到这样节省下来的努力会导致情况更加复杂，最终付出高昂的代价。做到这一点可以避免出现搭载现象。

错误聚合导致的概念过载

有时候，一个概念的两个不同目的似乎如此一致，以至于设计师将它们视为一个单一的聚合目的，直到他们清楚地发现，实际上这些目的不仅是不同的，而且可能彼此并不一致。

例如，Facebook 的好友概念的目的可以被描述为"允许两个用户建立一种关系，在这种关系中他们可以看到彼此的帖子"。这样描述的问题在于，它隐藏了两个截然不同的目的。一个是过滤：通过展示好友的帖子，Facebook 为用户省去了亲自筛选帖子的麻烦。另一个是访问控制：通过选择好友，用户可以选择谁可以看到自己的帖子。

对于大多数用户来说，这两个目的确实通常是一致的，因为人际关系往往是对称的：如果我想让你看到我个人生活的帖子，我可能也会对你个人生活的帖子感兴趣。但对于名人来说，这种对称性就不存在了。我可能想看奥巴马的帖子，但我很怀疑他会想看我的帖子。

认识到这一点后，Facebook 在 2011 年增加了关注概念，只用于过滤帖子，而非访问控制。好友概念仍然提供过滤和访问控制的功能，但用户可以将这个概念仅用于访问控制，即取消关注那些不感兴趣的好友。

被拒目的导致的过载

与错误聚合一样，被拒目的指软件设计者否定了最初设计概念时的目的，认为它不值得在设计中实现。

列出候选目的然后将之否定通常是令人钦佩的，这是防止软件设计膨胀的关键策略。设计一个解决所有可能问题的瑞士军刀式的软件，这听起来很诱人，但结果却往往不尽如人意。最有效的箴言是"设计最简单的东西"，这既适用于选择要达到的目的，也适用于设计实现这些目的的概念。然而，以保持用户界面的简单性为名忽视用户需求，进而否定一个目的，这也可能是一种武断的行为。

Twitter 中的收藏概念（第 4 章中讨论过）就是一个典型例子。在 2018 年 Twitter 引入书签概念之前，用户无法保存推文，只能将推文收藏并公开显示此操作。所以收藏概念被迫服务于两个不兼容的目的：表示喜欢和保存推文以备后用。

我通常避免谈论编程工具，因为大多数人不熟悉它们。但这里我将使用一个例子，希望能够让我的解释更令人信服。程序员使用 Git、Subversion 和 Mercurial 等版本控制系统来管理代码库上的团队工作，并跟踪文件的多个版本。但实际上，许多用户尤其是不太专业的用户，也会使用这些工具进行备份。

试想一下，所有这些系统都允许用户频繁地将工作从随时可能发生故障的机器复制到服务器，而且用户可以保存文件的多个版本，也可以在任何时候恢复这些版本。这不正是备份工具的作用吗？如果你在使用这些版本控制系统，为什么不使用它们来备份文件呢？

但是，版本控制系统的设计者通常不同意这个观点。与这里相关的提交概念（commit）是为了另一个目的设计的，即存储文件快照，这些快照是文件连贯的变化状态。例如，用户可以在某个功能完成时执行提交操作，或者在工作处于较为完善的状态需要同行审议时执行提交操作。

提交概念的目的与备份概念的目的并不兼容，因为用户希望尽可能频繁地备份文件。如果你在做大量未完成的工作，你肯定想要对它进行备份，但它可能不处于一个连贯的状态。此时，你会进退两难。如果你提交了工作成果，你将如开发人员所说的那样，提交了没有连贯意义甚至无法编译的成果，这会导致"污染提交"。但是，如果你不提交它，它就不会被复制到云中，一旦机器发生故障，你就有可能失去它（见图 8-4）。

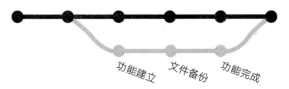

功能建立　　　文件备份　　　功能完成

图 8-4　被拒目的的案例：使用提交概念进行备份

注：图中的灰色路径是一个单独的分支，程序员在其中构建一些新功能。当程序员建立了功能的基本结构并最终完成时，就会提交工作成果。但程序员也会在中间状态提交，因为想备份未完成的工作。

突发目的导致的概念过载

一个概念在设计时可能只有一个单一的、引人注意的目的，但随着用户发现该概念的新用途，其他目的可能会出现。电子邮件的主题行概念就是一个典型例子。

主题行概念可以被视为通用概念的一个实例，准确地说，其目的是通过提供与原始或后来添加的文本一起创建的简短摘要，使查找、过滤和理解长文本变得更容易。

这个目的如此不起眼，以至于人们可能无法预测主题行概念会扮演如此多的光荣角色。Listserv 软件在主题行中添加了一个带有服务器名称的前缀，使收件人更容易分辨出不是直接发送给他们的邮件，这显然是复制了 to 字段的目的（见图 8-5）。后来，诸如 Gmail 之类的电子邮件系统开始使用主题行作为启发式方法，将邮件分组到会话中。

To: csail-related@lists.csail.mit.edu
Re: [csail-related] turn off the lights?

图 8-5　Listserv 在主题行中添加了服务器来源

新出现的突发目的看起来无害，但事实并非如此。一位朋友告诉我一个案例，他所在部门的某个人向多个同事发送了一封邮件。他们盲目地复制收件人，包括一些部门领导的服务器的电子邮件地址。Listserv 的主题行暴露了服务器，破坏了密件抄送（bcc）概念应该提供的隐私保障。

使用主题行进行会话分组是一个已知问题，因为它错误地将碰巧具有相同主题的邮件关联起来。我的一个学生告诉我，他喜欢为不同的旅行分配不同的标签，这样就可以通过过滤相应的标签来查看与特定旅行相关的所有邮件。

可是，他的旅游公司使用"你即将到来的旅行"作为所有确认邮件的主题行，这使得不同旅行的邮件都被归属于同一个会话。而且由于在 Gmail 中过滤标签会将同一个会话中的所有标有该标签的邮件显示出来（这是我在第 7 章中解释过的一个设计缺陷），所以他无法在不看到其他旅行邮件的情况下使用标签来显示某次旅行的邮件。

搭载导致的概念过载

导致概念过载最常见的原因是，设计师看到了使用现有概念来支持新目的的可能，因此没有设计新概念，省去了设计和实现新概念的麻烦。设计师也可能认为用户会欣赏概念更少、内涵却更丰富带来的经济性，但这通常是错误的。相比于数量较少但是复杂和令人困惑的概念，较多但统一、有说服力的概念更好。

爱普生的纸张概念就是概念搭载的一个例子。爱普生照片打印机提供许多种类的特殊设置，例如纸张类型、打印之间的干燥时长等。在苹果的 macOS 操作系统中，打印机驱动程序可以在打印菜单中提供打印机的特定设置。

打印机通常为不同种类的纸张提供几种不同的送纸方式：顶部、背面或正面、一卷纸等。这种进纸概念是如何运行的？

macOS 系统内置了纸张大小概念，大多数软件都可以通过页面设置菜单来设置纸张大小。纸张大小概念的目的是通过定义标准纸张大小，使用户更容易设置纸张大小，并可以重复使用这一标准。除了内置的纸张大小（例如标准信纸尺寸），用户还可以定义任意尺寸以及页边距。当用户在软件中选择纸张大小时，软件会适当地调整页面大小（文本环绕和页边距）。当用户打印页面时，打印机会接收纸张大小的信息，以便检查纸张尺寸是否与纸张大小的信息相匹配。

　　遗憾的是，爱普生打印机并没有将进纸作为一个新概念，而是将其作为纸张大小概念的附属。在页面设置（Page Setup）菜单中，纸张大小（Paper Size）选项包含了进纸设置（见图 8-6）。

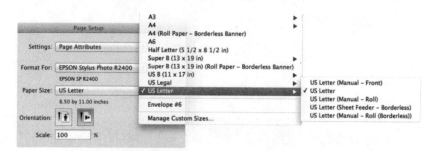

图 8-6　爱普生打印机的进纸设置与纸张大小选项有关

爱普生打印机的这种设置对用户体验造成了严重的破坏。

- 当用户为文档选择好纸张大小，想要在爱普生打印机上打印时，就必须选择一个进纸选项。可是，用户或许都不知道该用哪台打印机，更别说选择哪个进纸选项了。
- 由于进纸选项与打印机驱动程序的标准纸张大小选项强关联，且进纸选项不支持用户自定义，因此用户无法自定义纸张大小。
- 某些软件使用页面设置来定义预设（preset）。Adobe Lightroom 有一个打印机预设概念，可以为给定的纸张大小定义边框和布局。例如，用户可以定义明信片预设参数，以便用照片生成明信片。由于预设参数依赖纸张大小，如果要使用爱普生打印机，用户需要在设定纸张大小的同时设定进纸选项，因此，此时打印机的预设参数被限定为进纸专用了。

　　富士相机的长宽比也是概念搭载的一个例子。富士相机允许用户设置图像的长宽比。这个概念的目的是允许用户在拍摄的时候在取景器中用特定的长宽比进行构图，比如图 8-7 中的方形图像。

图 8-7 方形拍摄是无反光镜数码相机的一大特点

要在富士相机中设置长宽比，你需要打开名为图像大小（IMAGE SIZE）的菜单。图 8-8a 中可以看到，我选择了一个正方形（1：1）的比例，但奇怪的是我还必须选择图像分辨率。我选择了 L，表示高图像分辨率。

在另一个叫作图像质量（IMAGE QUALITY）的菜单中（见图 8-8b），我们可以选择照片的存储格式是 RAW 格式、普通（NORMAL）或高质量（FINE）的 JPEG 格式，还是 RAW 与 JPEG 格式的结合。

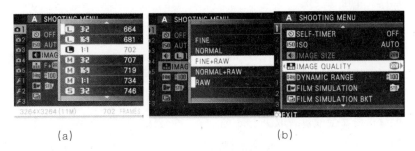

(a)　　　　　　　　　　　(b)

图 8-8 富士相机中的概念搭载

注：图 a 是设置图像大小 / 长宽比的菜单。图 b 是设置图像质量的菜单，选择 RAW 格式会使图像大小选项变灰，并且允许用户设置自定义比例。

假设你想拍摄方形照片，并将它们保存为 RAW 格式。如果你将图像质量切换到 RAW 格式，你会发现图像大小选项变成了灰色（见图 8-8b）。无法选择图像大小是因为它们不适用于 RAW 格式的文件，但为什么我们也无法设置长宽比了？

这样处理并没有充分的理由。长宽比概念在 RAW 格式的文件上非常有效，比如允许用户将剪裁轮廓保存为可编辑的元数据，但由于长宽比概念通过重载与 JPEG 格式相关联导致过载，因此不能单独将之用于 JPEG 格式。实际上，这意味着即使你只想以 RAW 格式保存图像，并且自定义长宽比，在设置图像质量时也必须选择同时包含 RAW 和 JPEG 格式的文件，然后再删除 JPEG 文件。

上述问题的补救方法是提供一个与图像大小概念不同的长宽比概念，使自定义长宽比的操作与选择文件类型的操作相互独立。这样的话菜单也会更简单，不再需要由 3 个图像大小和 3 个长宽比构成的 9 个组合，而是可以分为两个菜单，每个菜单 3 个条目即可。

这似乎只是一个小细节，尽管许多用户要求更多的长宽比种类，甚至为此在线请愿，但富士相机还是不愿采用其他长宽比。但是如果没有明确的长宽比概念，菜单数量的增长将使得图像大小菜单随着长宽比设置的增加而不断增加，而这是不可接受的。

目的的颗粒度和一致性原则

设计是否冗余或过载取决于目的。你可能会认为目的的设定是一个相当主观的判断。如果我们只是试图通过提出一个新的目的来解决过载问题，那么将之前两个不同的目的合并可以吗？这能解决一个概念有两个目的的问题吗？答案是不能。我们需要通过一致性测试，揭示多重目的伪装成一个目的的情况。

在理想情况下，目的的设定不应该随案例不同而变化，也就是说，目的需要保持一致。

例如，我在本章前面谈到网站制作软件使用的模板概念时，说过其目的是"将视觉设计与内容解耦"。这一目的将软件的各种操作方式统一起来，并没有出现多个目的。

但是，假设我把这一目的描述为"通过修改别人设计的模板开始，你可以更轻松地设计一个具有视觉吸引力的网站，而无须重新开始"。这当然是一个不那么简洁的目的，因为其中具体的操作细节变得像一个用户指南。但将目的表述得单一并没有错，因为目的的各部分都是一个单一、连贯目的的不同方面（尽管总结为解耦更合适）。事实上，这是我对 Squarespace 设计的批评，它把每个部分都当作一个目的。

如果一个目的由多个部分组成，那么我们如何知道这个目的是一致的？以下是一些判断准则。

- **重新设定目的。** 是否可以重新设定一个不包括多个部分的令人信服的目的？
- **共同的利益相关者。** 每个部分的好处是否有共同的利益相关者？
- **共同使命。** 如果我们为每个部分确定一个更高层次的目的（我们可以称之为"使命"，以区别于概念的直接目的），每个部分是否具有共同的使命？
- **无冲突。** 这些部分是否相互之间有冲突，或者用户是否可能想要其中一个而不要另一个？

让我们看一个例子，看看如何应用这些判断准则。

Facebook 的点赞概念具有多个目的

当你点击 Facebook 帖子下方的点赞按键时，会显示 7 个表情符号以表示不同情绪（见图 8-9）。如果我们把点赞看成一个概念，这个概念的目的是什么？

图 8-9　Facebook 的点赞概念

用户点击这些表情符号就会对帖子的作者做出情绪上的公开回应。这可能是大多数 Facebook 用户在点击点赞按键时心里想的。

如果你用过 Facebook，会发现你点赞的内容会影响你后续看到的帖子，以及它们出现的顺序。通过显示你点赞过的帖子，Facebook 可以整理后续的推送内容，让它们更可能包含你想看到的帖子。

Facebook 会跟踪你的点赞历史以建立个人数据档案，以向你定向投放广告。根据你发布帖子的内容以及你对他人帖子的回应，Facebook 会根据一系列指标对你进行分类。

总而言之，我们可能会说，点赞概念的目的是"传达情绪回应，策划推送内容，并为有目的的广告提供跟踪数据"。将这些视为同一目的三个不同的部分，我们就可以应用上述判断准则。以下是上述判断准则的应用方法。

- **重新设定目的**。将点赞概念的目的重新设定为"对帖子做出回应"，这听起来似乎有道理，但它不是以用户需求为中心的，因此并不是目的（见第 4 章）。不过我不确定我可以想出更好的新目的。

- **共同的利益相关者。**Facebook 无疑会辩称，将用户的数据卖给广告商，让他们更有效地投放广告，用户也会从自己看到的广告中受益。但我们大多数人会抵制这种说法，并认为广告商和 Facebook 本身才是受益者。相比之下，管理专属于自己的推送内容、传达情绪才是用户想从 Facebook 中得到的好处。简而言之，似乎目的的每个部分之间都有不同的利益相关者。

- **共同使命。**同样，每个部分的使命也不尽相同。传达情绪回应的使命是建立人际关系和社区；策划推送内容的使命是为用户提供更具吸引力和信息量更大的内容；为广告商提供跟踪数据的使命是为 Facebook 带来收益。

- **无冲突。**最后，目的的各部分之间也存在冲突。当然，大多数用户都希望能够管理他们的推送内容，但更希望不被跟踪。回应帖子的需求与推送管理的需求也不太一致，用户可能想向朋友表示支持，但不想看到他们更多的帖子。愤怒的表情符号尤其让人困惑，这个符号是对帖子的作者感到愤怒，还是对帖子的内容感到愤怒？但根据 Facebook 的说法，不管什么回应对于推送内容的结果而言都是一样的，不管是"喜欢"，还是"愤怒"。

总之，根据上述准则，Facebook 的复合目的实际是多重目的，因此 Facebook 的点赞概念就是一个过载的例子。

分解概念

解决概念过载的方法是分解概念，然后为每个目的建立一个新的概念。比如点赞概念，我们可以将其分解为三个概念：回应概念，其目的是传递对帖子的情绪反应；推荐概念，其目的是管理推送内容；特征分析（profiling），其目的是定向投放广告。

在进行这样的分解时，最令人鼓舞的迹象是，新的概念自然而然地出现了。事实上，回应概念（没有内容筛选的回应）出现在 Slack 和 Signal 等通信软件中；推荐概念（没有回应的内容筛选）出现在 Netilfx 中，点击"大拇指"按键会影响用户接收到的推荐电影；谷歌的 Gmail 服务则使用了特征分析概念，可根据电子邮件内容定位广告。

现在我们可以探索三个概念之间的同步程度。极端情况是，这三个概念可能构成一个几乎完全不同步的自由组合。在这种情况下，用户必须点击每个概念对应的单独按键。这并非完全不可能，因为这将给予用户完全的控制权，但它不符合 Facebook 的利益，因为很少有人会去点击特征分析按键。

另一个极端情况是，三个概念完全同步，回应按键也作用于推荐和特征分析。这就是 Facebook 现在的设计方式。此时，过载问题已经转化为过度同步问题。但至少在概念分离的情况下，设计中有更清楚的迹象表明这些概念已经耦合在一起，并且即使试图在相互冲突的不同目的之间寻求平衡，概念本身被破坏的风险也比较小。

在这两个极端情况之间，还有其他的设计情况。一种设计情况是继续隐藏特征分析概念，但将回应概念和推荐概念分离开，使用一组按键来表示对帖子的情绪回应，用另一组按键来表示是否想继续看到类似的帖子。

事实上，Facebook 用户曾要求设置"不喜欢"按键，但 Facebook 拒绝了这一建议，认为"不喜欢"会给平台带来负面情绪。这种做法是不诚实的，而且 Facebook 没有对点赞概念进行分解。通过将其分解为推荐和回应两部分，用户就可以对不喜欢的帖子执行不推荐（recommendation.thumbs-down）的操作，而且不用发出任何社交信号。

毫无疑问，Facebook 的设计师考虑过所有这些因素，甚至更多。概念带来一个新的框架，人们用概念来分析设计并做出原则性的权衡。概念分解之所以很有价值，在很大程度上是因为它允许将一个特殊的概念（比如 Facebook 的点赞概念）分解成更一致、更通用的概念，从而为用户提供更简明的体验，并为记录和保存设计知识提供更好的结构。

练习与实践

▶ 在设计软件时，请尽早问问自己是否有一个你从未考虑过
的基本目的。在分析来自用户的反馈时，仔细考虑那些用
户遇到的问题是否可能是由一个遗漏的概念造成的。

▶ 两两比较你的每个概念，以确保没有概念冗余，并更深入
地观察是否有概念的共享功能，这些功能可以分解成它们
各自的或者共同的概念。

▶ 如果一个概念变得复杂，或者对用户来说似乎不够直观和
灵活，那么它可能是概念过载。使用第 4 章中的目的准则，
尽可能精确地设定一个目的。如果目的包含多个组成部
分，则应用本章的一致性准则，以确保不同部分分别对应
不同目的。

▶ 当你确定某个概念过载时，试着将其分解为多个目的一致
的概念，每个概念都具有更有说服力和统一的目的。留意
你在别处见过的标准概念，一个熟悉的概念组合比一个单
一、特殊的概念更灵活和强大。

The Essence
of Software

09

**概念熟悉性，
好用的概念常常可以重用**

▶ 一个好的设计师不仅知道如何发明新概念，而且知道什么时候无须发明新概念。如果你的目的可以通过一个现有概念来实现，那么你最好再次使用这个概念。

▶ 概念与其他任何发明一样。不同的是，概念提供了一种将软件设计的知识和经验变得简单且连贯的方法，从而提供了更具细粒度的重用机会。

▶ 使设计可用的最简单的方法是使用熟悉的、现有的概念。使用用户充分理解的概念可以降低设计不合理的概率，并使设计对用户来说更加直观。

　　设计新手经常猜想，专家设计师有一种不可思议的能力，能使全新的想法"无中生有"。但看起来瞬间爆发的灵感实际上往往来自经年累月的经验培养出的洞察力。一个伟大的设计师会记住一系列设计，随时准备应对遇到的每一个新的设计问题。只有当标准方案不足以解决问题时，他才会寻求新的解决方案。

　　在这方面，软件与任何其他设计领域没有什么不同。要应用以前设计的经验教训，你首先需要能够将设计思想提取为可重复使用的关键点，这就是概念的目的。概念是特定设计问题的特定解决方案，它不是一个大而模糊的问题，而是一个个会在许多情况下反复出现的小而明确的需求。

　　创造一个新概念来实现一个现有概念可以完美实现的目的不仅是浪费精力，还容易让已经熟悉现有概念的用户感到困惑。在本章中，我们将看到一些这样的例子，但首先我们将看到正面案例——用户熟悉的概念被成功重用。

概念的重用

概念的重用是非常广泛的，尤其是在 Web 软件中。事实上，每个社交媒体软件在本质上似乎都是相同的，它们像是一个通用的超级软件的变体。该超级软件可以让你与他人和社区建立联系，与他们分享文本、图像和视频，并让你通过评论和评分对他们的贡献做出回应。远观许多流行的软件如 Facebook、Twitter、Instagram、WhatsApp、SnapChat 等，似乎无法进行区分，因为它们只是在一些小细节上有所不同。

当社交媒体这个类别中又出现一个软件时，你最初可能会疑惑它与现有软件有什么区别。但是，不难弄清这个新软件的使用方法，因为这个新软件可能提供你已经熟悉的概念：用于创建帖子、发送消息和评论；用于访问和过滤分类的朋友、关注者和小组；用于把控质量的评级、投票和审核；用于突出显示内容的通知、收藏和更新等。

相同的概念可能以不同的形式出现。因此，旧的聊天室概念变成了WhatsApp 或 Google Groups 或 Facebook 中的小组概念以及 IRC 或 Slack 中的频道概念。Twitter 提供了一个将其设计与现有概念联系起来的很好的例子——关注概念。它这样解释关注概念（见图 9-1）：

> 在 Twitter 上关注某人是什么意思？……当你关注某人后，每次他们发布新内容时，新内容都会出现在你的 Twitter 主页上。

在这个描述中，Twitter 提供了关注概念的操作原则，这正是 Twitter 用户需要知道的。关注某人的含义并没有用"喜欢他们"或者"想阅读他们的推文"的抽象观念来解释，它是一个简单的场景，即你关注，他们发布，你就能在主页上看到他们发布的内容。

图 9-1　奥巴马的 Twitter 主页

注：奥巴马是 Twitter 里拥有最多关注者的用户（作者成书之时）。

但我省略了 Twitter 解释的关键部分，即上文用省略号标记的部分，它的完整内容如下：

> 关注某人意味着你选择订阅他们的 Twitter 更新，当你关注某人后……

如果你已经知道订阅概念，则可以省去学习它的麻烦。关注概念只是熟知的订阅概念的一种变体，订阅概念允许用户订阅一组事件（在这里是来自给定用户的推文），并在这组事件发生时收到通知。

避免发明新概念

当设计师在重用现有概念与发明新概念之间做选择时，最好选择重用通用概念，除非确定现有概念不能有效实现目的。

为了说明这一点，让我们来看两款幻灯片演示软件如何组织幻灯片。此处的目的是将幻灯片分成小组，以便能够分别处理每组，预期的操作原则如下：

　　　如果将一组连续的幻灯片分组，则可以将操作同时应用于整个幻灯片组，如显示或隐藏幻灯片组、移动幻灯片组等。

　　苹果的 Keynote 为此提供了幻灯片的组概念，幻灯片组是位于父幻灯片下方的一系列幻灯片，通过相对于父幻灯片缩进来显示，如图 9-2a 所示。你可以选择幻灯片组是否可见，并可以通过拖动父幻灯片来整体移动幻灯片组。

　　微软的 PowerPoint 提供了用于相同目的的节概念，如图 9-2b 和图 9-2c 所示。幻灯片的每一节都可以被命名，而且与 Keynote 一样可以切换视图或隐藏幻灯片。节概念很有用，不是一个糟糕的设计。

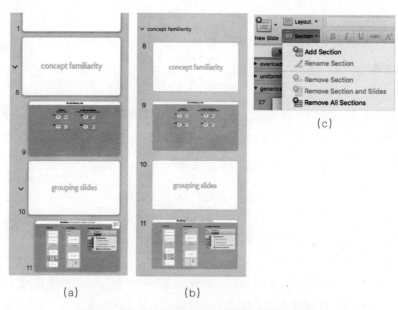

(a)　　　　　　　(b)

图 9-2　在 Keynote 和 PowerPoint 中组织幻灯片

注：图 a 是 Keynote 的组概念，它重用了用户熟悉的大纲树概念。图 b 是 PowerPoint 新奇又陌生的节概念。图 c 是对 PowerPoint 中行为不可预测的部分执行的一些操作。

　　但在我看来，Keynote 的设计更有效且更易于使用，用户可以将组与组嵌套（最多 6 层），而 PowerPoint 的节仅限于同层操作。在图 9-2 中可以看到，在 Keynote 中，幻灯片 11 位于 grouping slides 下方，后者又位于 concept familiarity 下方；在 PowerPoint 中，concept familiarity 这一节中不能有结构，因为节不能嵌套。用户可以按演示顺序前后移动节，但不能将该节放入另一个节中。

　　PowerPoint 组的用户界面更加直观。要创建一个组，可以选择将一些幻灯片拖到父幻灯片的右侧；要删除该组，将它们拖回左侧即可。如果将组中间的幻灯片拖到左侧，它将被提升一级，并且它之前所属的组将被分为两个同级组。

　　PowerPoint 创建节更加复杂。你可能以为可以选择连续的幻灯片序列，例如所有关于熟悉概念的幻灯片，然后给出添加节的指令。如果你这样做，PowerPoint 确实会创建一个节，但这个节将包括从第一张选定的幻灯片到整个演示文稿结束的所有幻灯片。如果所选的幻灯片在一个节内，则新节将紧跟其后；如果不在，则将为之前的幻灯片创建第二个新节，该新节被命名为默认节。

　　这很复杂！更糟糕的是，这是不可预测的。因为用户不会想到添加一个节会产生这样的结果。创建一个仅包含所选幻灯片的新节也很合理，也许更好。

　　相反，Keynote 的行为大多简单且可预测。如果一开始没有组，用户向右拖动一张幻灯片将创建一个组，其中该幻灯片是子幻灯片，前置幻灯片为父幻灯片。与节不同，不会自动出现其他组。在 Keynote 中，唯一可能令用户无法预测的行为是选择几个不相邻的幻灯片并将它们向右拖动。当你开始拖动，你可以很直观地看到这些幻灯片被分组到一个连续的幻灯片序列中，然后成为同一个父幻灯片的子级。

　　为什么苹果能设计出更好的概念？这在很大程度上是因为他们没有从头开始设计，这也是苹果的组概念更直观的原因。我们以前在其他情况下也见过类似组概念的大纲树（outline tree）概念。每个大纲设计软件和文字处理软件都有这个概念。用户可以制作项目列表（通常是短句或短语）并引入级别，这样生成的列表结构就是一棵树，每个节点上都有一个项目。

当扩展破坏熟悉性时

我们第二个不熟悉概念的例子出现在一个不同的场景中。在本例中，我们将看到一个概念本是传统且熟悉的，但随后为这个概念设计了新的扩展功能，它的熟悉性就消失了。

预设概念的目的是为用户省去为常用命令输入参数的麻烦。将参数保存为预设，当调用命令时，用户可以选择直接设置参数或通过选择以前保存的预设自动设置参数。

Adobe Lightroom Classic 将预设概念有效用于许多不同的命令，如用于打印、编辑以及导入和导出图像。我想重点介绍的一个棘手的例子就涉及导出图像时预设概念的使用。图 9-3 是 Adobe Lightroom Classic 导出菜单的页面，右边是参数设置，左边是分层的预设参数列表。用户可以手动调整参数，可以选择预设参数，也可以根据需要覆盖这些参数值。所有使用过预设菜单的人都会很熟悉这些操作。

但是现在如果仔细查看预设参数列表，你会发现每个预设名称旁边都有一个复选框。事实证明这是一个强大的扩展，复选框允许用户一次选择多个预设参数。现在你可能会想：这意味着什么？一般来说，这对于预设概念没有多大意义，因为执行命令时只能使用一组参数。但是一次选择多个预设参数的特定命令可以多次执行不同的预设参数。例如，用户可以一次性导出所选照片的高、低分辨率版本。

图 9-3　Adobe Lightroom Classic 中的导出菜单使用了预设概念的非常规变体

注：除了通过单击预设名称选择预设参数，还可以选中复选框。复选框允许用户选择多个预设参数，从而允许使用不同的设置多次导出同一组照片。

复选框这个新功能的目标允许以多个预设参数导出图片，这是完全合理的，并且显然是许多用户的需求。但是只用预设概念来实现这一目的会产生一些异常，比如选中预设的复选框就不能再编辑它的参数。

当软件添加新功能时，许多用户会在软件的社区论坛上发布帮助请求。许多人（包括我）都没有意识到单击预设名称和单击复选框是不同的，变灰和隐藏部分也让用户感到困惑。菜单底部的"了解更多（Learn More）"链接表明 Lightroom 的设计师很清楚这些问题，但尚未解决它们。

根据概念的专一性原则，我们可以识别出 Lightroom 的两个不同目的：

（1）保存命令的常用参数设置；（2）以不同但预先确定的设置重复命令。第一个目的是通过预设概念实现的。第二个目的可能需要一个新的概念，该概念独立于预设概念但与预设概念一起使用，可能类似于 Photoshop 的操作概念，它将操作序列定义为用户可定义和调用的小程序。

概念实例的一致性

当设计中出现的概念是熟悉的通用概念的实例时，它应该严格遵守通用概念的行为方式，除非有很好的理由不这样，并且它与通用概念的偏差非常明显。否则，熟悉该通用概念的用户会感到困惑，因为他们假设该概念的行为方式与他们遇到的其他实例中的行为方式相同。

为了说明这一点，让我们看一下苹果的通信录概念的设计困境。大多数人在苹果手机上使用通信录软件，它除了可以存储电话号码以便用户不必记住它们，还实现了在来电时将姓名附加到号码上的有用功能。许多人为他们的家人和朋友输入昵称，比如在查尔斯王子的手机上，他可能没有遵守礼仪在通信录中输入"伊丽莎白二世"作为他母亲的昵称，而是输入了"妈咪"。[1]

目前为止并没有什么问题，但如果威尔士亲王现在向他的母亲发送一封电子邮件，他可能会尴尬地发现收件人的电子邮件地址会包含"妈咪"。因为当用户转发或回复邮件时，附加到电子邮件地址的昵称也会被发送。因此，如果邮件涉及参与国家事务的顾问，它可能会在白金汉宫的所有办公室传播，最终发送给女王的每一封邮件都是写给"妈咪"的。

如果王子犯了这个错误，我认为我们必须原谅他，因为他有理由认为通信

---

[1] 此书成书于 2021 年，当时伊丽莎白二世尚在世，查尔斯王子未继位。——编者注

录软件使用了一个我们称之为昵称的概念，即使用一个方便的别名来代替更长的电话号码或电子邮箱地址。昵称概念下的别名是私有的，因此从这个角度来看，通信录软件的行为偏离了用户预期。

苹果公司可能会争辩这个概念从来都不是昵称，从一开始，它就是一个通信录概念，即允许用户存储有关某人的所有信息，包括他们的全名。查尔斯王子被他碰巧按昵称查找联系人的事实误导了，但苹果软件也可以用电话号码和电子邮箱地址来实现查找和自动补全功能。在他使用通信录发送电子邮件之前，通过通信录打电话（从未发送过昵称）也影响了他的预期。

在这种情况下，没有所谓的对与错，关键在于对概念的熟悉程度以及随之而来的预期。预期是软件设计中必须认真对待的强有力因素。

练习与实践

► 在你发明一个新概念以前，查看现有的概念，看看是否有一个概念满足你的需求。请记住，你需要的概念可能来自一个非常与众不同的领域。

► 当将概念映射到用户界面时，对非常规小部件的需求可能表明其基本概念本身就是繁杂和非常规的。

► 如果现有概念似乎仅部分满足你的目标，相较于修改或扩展它，请探索它是否可以与另一个现有概念组合起来提供你需要的功能。

► 当概念的行为不可预测且出现不同种行为的可能性似乎相同时，概念设计很可能是错误的。一个好的设计具有必然性的品质。

The Essence
of Software

10

概念完整性，
一旦违反需要努力修复

▶ 当概念组合成一个软件时，它们可以同步以便协调行为（见第 5
章）。这种同步可能会消除一个概念的某些行为，但决不会添加与
该概念的规范不一致的新行为。

▶ 如果概念组合的方式不正确，从特定概念的操作和结构来看，概
念的行为可能会破坏它的规范。

▶ 概念违反完整性的行为会使用户感到困惑，因为他们针对概念行
为的心智模型受到了破坏。

当一个由概念组成的系统运行时，每个概念也都作为一个"小机器"运行着，控制着操作发生的时间及其对概念状态的影响。同步使一个概念的操作与另一个概念的某些操作同时发生，这能进一步约束操作。

一个概念不能直接改变另一个概念的状态，也不能以某种方式改变概念的某个操作行为。这是至关重要的，也是概念本身易于理解的原因。

但是只有在使用第 5 章的同步机制正确组合概念时，这种模块化关系才成立。如果概念的实现框架允许它们以其他方式交互，或者代码中出现错误，那么一个概念可能会以一种违反它自身规范的方式运行。

设计者也可以打破原有概念，调整它的行为，以便它与其他概念组合起来满足特定软件的需求。一些调整可能会在保留概念规范的基础上添加一些新的功能，也有一些调整可能会直接破坏概念规范。

由于以上原因，当一个概念与其他概念组合时，保持概念的完整性至关重要。在本章中，我将向你展示一些违反完整性的概念案例以及它们造成的问题。

一些违反完整性的行为是显而易见的，一旦被发现很容易得到纠正，比如下面第一个例子：报复顾客的餐厅老板。有些违反完整性的行为很微妙，代表着一场尚未解决的持续设计斗争，比如下面第二个例子：字体格式。有些违反完整性的行为并不微妙，但只有付出相当大的努力才能修复它们，比如下面第三个例子：Google Drive。

报复顾客的餐厅老板

想象一下，一个预订餐厅的软件有一个预订概念，其中有预订餐位和取消预订的操作；还有评价概念，允许用户对他们去过的餐厅进行评价。

这两个概念都有其定义的行为和操作原则。对预订概念来说，如果用户预订了餐位并且按时到达，那么将拥有一个餐桌。对评价概念来说，用户评价影响餐厅的综合评级。

当这些概念组合在一起时，设计者可以将它们同步。例如，只有预订过这家餐厅甚至在这家餐厅吃过饭的用户才可以对它进行评价。这种同步可以通过排除某些行为，比如禁止用户评价一家他们从未预订过的餐厅，来限制该软件的滥用。尽管概念间同步，但从特定概念的角度来看，软件设计的每一个行为仍然是有意义的。

现在假设有一个餐厅的老板因餐厅的综合评级较低而感到十分沮丧，他决定入侵该软件来惩罚恶意差评的顾客。他修改了软件设置以便恶意差评的顾客在后续预订时，即使没有取消预订，当他们到达餐厅时也没有预订记录，因此没有餐桌供他们使用。

此黑客行为不符合任何合法的同步原则。它不仅将两个概念结合在一起，还破坏了预订这个概念。预订概念的操作原则是如果用户预订餐位并且没有取消，则可以使用一个餐桌。而有了这种黑客行为，这一操作原则不再适用，软件也无法从最初概念的角度来理解，这就是我所说的违反概念完整性的行为。

另一方面，假设报复顾客的餐厅老板入侵了该软件，使得任何顾客只要发布差评就会失去在任何餐厅的任何预订。可怜的顾客尽管从未打算取消预订，但仍可能收到取消通知，因为预订概念与通知概念同步。

无论多么卑鄙，在给出通知的情况下取消预订不侵犯预订概念的完整性，因为从预订概念的规范来看，它是完全可以理解的。在未经顾客同意的情况下发出取消通知可能会激怒他们，但该行为仍与预订概念保持一致。预订概念的规范没有提及谁可以取消预订。

字体格式，一个长期存在的设计问题

在第一代文字处理软件中，文本格式有三个简单的属性：粗体（Bold）、斜体（Italic）和下划线（Underline）。每个属性都有一个相关联的操作来切换到它，比如若要加粗纯文本，只需点击 Bold 按键，字体会变成粗体。若再次点击 Bold 按键，字体会恢复到普通状态（见图 10-1）。这种操作是如此熟悉并被广泛应用，以至于为它命名显得很愚蠢，但为了便于讨论，我们将其称为格式切换（format toggle）。如今，它广泛应用于从电子邮件客户端到嵌入式富文本编辑软件等数千个软件。

文本格式的另一个早期且重要的概念是字体，它的行为更简单，用户可以从字体列表中选择一种字体，将它应用于某些文本。在早期，格式切换概念

是作为一种转换实现的，这种转换应用在字体概念提供的字符上，通过应用
Italic 来使字符变为斜体，并通过应用 Bold 来使字符变为粗体。

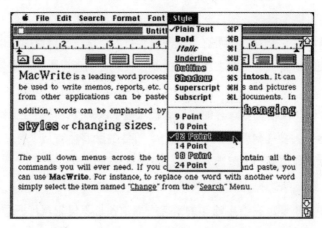

图 10-1　MacWrite（1984）第一个版本中的格式切换

然而，真正的印刷体斜体从来不是罗马式斜体，而是更流畅和有书法效果
的经典版本。随着计算机排版技术的进步和 PostScript 字体的出现，单独的字
体文件提供不同的粗体和斜体版本变得很普遍，并且仅通过切换就可以实现。
文字处理软件的设计者通过一个巧妙的技巧维护了格式切换和字体这两个概
念。当用户将某些文本设置为斜体时，软件会切换到斜体文件；用户再将文本
设置为粗体时，会切换到粗斜体文件；用户再将文本设置为斜体时，会切换到
粗体文件。这个设计保留了两个概念的完整性。

之后，随着专业字体的出现，麻烦随之而来。如今每个字体不再只有几个
变体，而有一个更大的集合。这些字体与旧字体之间的区别主要是更多的粗细划
分，例如半粗体（介于罗马体和粗体之间）和黑体（比粗体更粗），以及用于不
同尺寸的其他变体，如显示字体（文本字号很大）或标题字体（文本字号很小）。

有了这些丰富的字体，所有的麻烦都烟消云散了，但格式切换概念也不

再有效。图 10-2 展示了苹果的 TextEdit 中出现的情况，你可以看到，我选择了 Helvetica 字体系列，它有 6 个变体。文本第一行设置为 Light，然后我将该文本复制到第二行和第三行。我将第二行设置为 Bold，将第三行两次设置为 Bold。如果格式切换能正常工作，则两次应用 Bold 后的文本将会返回到最初状态，因此第一行和第三行看起来应该一样。但事实并非如此，因为应用粗体使 Light 字体变成了 Bold 字体，再次应用粗体会将其更改为 Regular 字体，而不是变回 Light 字体。

图 10-2　TextEdit 中的概念完整性冲突

简而言之，TextEdit 中的格式切换不符合规范，但这不是因为代码存在错误。这是一个更深层次的问题，涉及两个概念之间的相互作用：字体概念的扩展破坏了格式切换概念。

苹果试图在 Pages 等软件解决这一问题。Pages 的菜单看起来就像 TextEdit，但应用粗体和斜体的行为不同。如果你对 Helvetica Light 字体的文本应用粗体，则它会变成 Helvetica Bold 字体。但是，如果再次应用粗体，它将重新变为 Helvetica Light 字体（根据格式切换的规范）。但这种行为是通过一些隐藏的操作实现的，可能会带来新的问题。

这种评价看起来很刻薄，但实际上这是桌面出版软件的一个严重问题。图 10-3 显示了 Adobe InDesign 中的字符样式（Character Style）菜单。在这里，我选择了一种称为强调（Emphasis）的样式，用于我想要强调的文本。通过使其成为一种样式，如斜体、粗体甚至下划线来突出显示我想要强调的文本。我选择斜体（Italic）作为字体样式（Font Style）。注意，我没有选择任何字体系列（Font Family），这很重要，因为这样就会允许将字符样式应用于不同字体系列的文本。

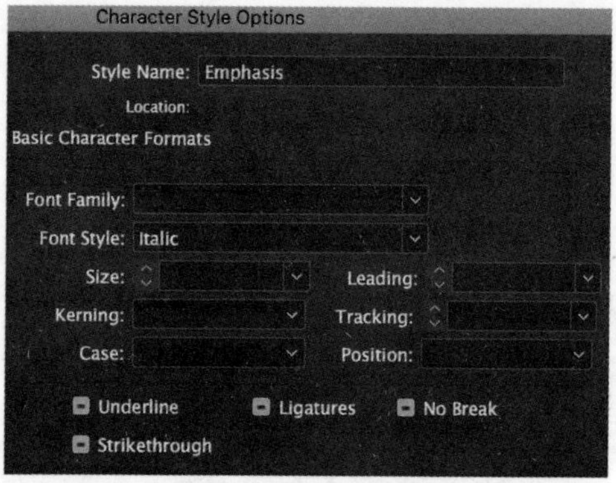

图 10-3　Adobe InDesign 中的字符样式菜单

但事实上我的选择并不起作用。为应用此斜体设置，Adobe InDesign 会将字体切换为名称与字符串 Italic 连接的字体系列的字体。因此，如果文本是 Times Regular 字体，它会将文本设置成 Times Italic 字体。到目前为止，一切都没问题。但如果文本是 Helvetica Regular 字体，它会将文本设置为 Helvetica Italic 字体。正如你从图 10-2 中看到的，我的 Helvetica 字体版本称斜体样式为 Helvetica Oblique。因此字符样式实际上并不独立于字体，它只能应用于特定字体的文本。这个问题还没有令人满意的解决方案——格式切换概念无法与更复杂的排版概念相协调。

使用 Google Drive 丢失了毕生的工作文件

我妻子的大部分工作文件都保存在 Google Drive 上。在经历 Dropbox 的事故后（见第 1 章），我担心她会失去保存在 Google Drive 上的工作文件，于是我开始寻找应对措施。

我了解到 Google Drive 本身不提供备份服务，因此我必须自己设计方案。我想到了一个很明确的方案：安装 Google Drive 软件，并将所有云端文件同步到一个本地文件夹，然后将该文件夹添加到笔记本电脑上运行的备份软件中。这样，每当 Google Drive 中的文件被修改，本地文件夹中的版本也会更新，然后备份软件再将文件备份到云端。

然而我发现这一看似简单的方案竟然行不通。于是我在网上搜索是否有人想出了解决这一困境的方法，却看到了一个令人悲伤的故事：某人想用与我的类似的方案解决问题，却付出了惨重的代价。

如图 10-4 所示，图 10-4a 中有两个文件，分别为 book.gdoc 和 book.pdf，二者都存储在 Google Drive 云盘且与本地文件夹同步。这个用户将文件移出本地文件夹，于是出现了图 10-4b 所示的状态。然后 Google Drive 云端的同步器运行，试图使本地文件夹和云端文件夹的内容同步，最终它从云端删除了这两个文件。

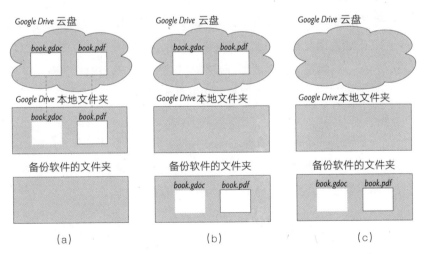

图 10-4　Google Drive 违反了概念完整性：云存储概念破坏了同步概念

此时你可能会想，无论 Google Drive 云端发生什么，文件都安全地存储在本地文件夹中。遗憾的是，情况并非如此，正如我们不幸的用户所说：

> 第二天早上，我打开一个文件，然后得到了"抱歉，你请求的文件不存在"的提示。我的心沉了下去，昨天的工作怎么了？我又打开了另一个文件，得到了相同的提示，我崩溃了。

事实上，这个用户的大部分文件都消失了。他总结道："由于糟糕的用户界面，我失去了保存在 Google Docs 中多年的工作与个人文件。"不过，正如我们看到的那样，违反概念完整性的问题比用户界面的问题要更严重。

这位用户依赖同步的行为，同步的目的是保持两个文件夹之间的一致性，其操作原则是一个文件夹中的任何改动也会作用于另一个文件夹。与备份概念不同，同步概念也会传递删除操作，这会让文件井井有条。同步概念的一个基本属性是两个集合中的文件副本完全一致。

但是，Google Drive 云端的同步器并不总能创建可靠的副本。它适用于像 book.pdf 这样的常规文件，但对于像 book.gdoc 这样的谷歌软件的文件，它根本不会将文件的数据复制到本地文件夹中，相反，它创建的文件副本只包含指向云端的链接。这就是为什么试图打开本地文件夹中的文件会产生提示：单击它会在浏览器中打开一个网页来寻找云端不再存在的文件。

除了同步概念，还有另一个概念在起作用，我们可以称之为云存储。这个概念体现了通过链接访问云端文件的想法。在概念层次，将这两个概念结合起来违反了同步概念的完整性。

从概念设计的角度来看，解决这个问题是没有大障碍的（与格式切换概念的情况相反），但我怀疑解决该问题并不是 Google Drive 的首要任务，而令人惊讶的是许多 Google Drive 的用户并不担心没有备份功能。

最后，我用图 10-5 来概括一下第 8 章至第 10 章的内容。

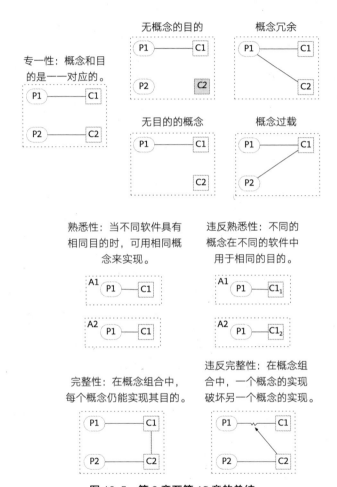

图 10-5   第 8 章至第 10 章的总结

注：目的和概念之间的连线表示该概念实现了目的；折线（表示违反概念完整性）表
示被其他概念干扰而没有实现目的；概念之间的线条表示互相组合；虚线框表示
软件。

练习与实践

▶ 在使用概念设计软件时，即使你没有精确定义同步，至少要说服自己，概念之间的每次交互至少在原则上都可以被视为同步。

▶ 如果你在使用软件或分析可用性问题时遇到问题，并发现某个概念的行为方式比较异常，请想想这是否能归咎于另一个概念的干扰。

▶ 为了保证概念完整性，请确保一个看似通用的概念确实是通用的。在 Google Drive 的同步案例中，不同类型文件的非统一处理方式明显违反了概念完整性。

The Essence of Software

结 语

厘清概念的迷思，
让你的软件设计更出彩

我想回顾一下本书的主要思想，并针对不同读者给出不同建议，这些建议将围绕一系列问题来展开。

如果你是战略家、分析师和技术顾问

对于为软件及其演变制订战略的人来说，识别概念及其价值是最重要的，而设计单个概念的细节则是次要的。你们需要考虑以下问题。

有哪些关键概念

想想你要构建（或已经存在）的系统、服务或软件，问问自己它的关键概念是什么。通过构建概念清单，你将获得概念功能的"鸟瞰图"，即思考战略行动的视角。构建这些概念的依赖关系图，看看它们如何相互关联，以及哪些概念处于核心位置。

概念是否发生了变化

当你查看现有系统中的概念时，确定每个概念是何时引入的，并研究它们是否随时间的推移发生了变化或持续保持稳定。是否有一些概念发生了标志着整个系统发生重大转变的巨大变化（如 Facebook 的帖子概念），甚至成为新的概念？是否有一些概念被引入，然后又被淘汰？哪些概念成功地经受住了时间的考验？

最有价值的概念是什么

你是否有一个杀手级的概念，就像 Photoshop 的图层概念或万维网的 URL 概念，这个概念可以让你的软件获得成功和竞争优势？有些概念（如 Gmail 的标签概念）是不是你软件的关键，没有它们你的软件就无法正常运行？是否有些概念对于收益至关重要，因为它们定义了软件的高级版本，或者因为它们为客户带来了最大的价值？

是否有让人困惑的概念

你的软件是否包含了让用户感到困惑的概念？例如过于频繁的消息通知，或者过于复杂导致系统经常陷入故障。如果是这样，你的竞争对手是否也有这些令人困惑的概念，还是只有你的概念如此？

定义软件系列的共享概念是什么

如果将多个软件视为一个软件系列的成员，例如 Adobe Creative Suite 或微软 Office，你能否识别出它们之间共享的关键概念？这些共享概念是使用通用的基础设施实现的，还是在每个软件中重新设计实现的？共享同一概念的不同软件彼此一致，还是存在随机的微小差异？当用户从一种软件转移到另一种软件时，这些差异会带来诸如整合或数据共享上的问题吗？

也许当前的软件系列目前还没有共享概念，但如果将多个软件中出现的概念统一起来，它们将来可能会有共享概念。这样的统一是否能够给整个软件系列和单个软件都带来利益？

每一个概念的目的分别是什么

你列出的每一个概念是否都有一个简单而引人注目的目的？这些目的是否有助于实现软件的更大目标？是否对未来的发展有帮助？

各个概念服务于什么目的？目的是否符合客户的利益？如果符合，它服务于哪些客户——用户还是广告商？如果目的服务于组织的利益，组织是否从客户那里收取了不必要的费用？如果目的服务于客户的利益，那是否有效地满足了他们的需求？

是否有缺失的概念

你能识别出哪个目的没有得到实现吗？这意味着某个概念的缺失，例如，电子邮件客户端缺失的通信人概念。如果你能识别出这样一个缺失的概念，是否有机会弥补这一缺陷，从而获得竞争优势？

竞争对手的概念是什么

看看同一领域的竞争软件，盘点一下它们的关键概念。它们的关键概念和你的不同吗？你拥有而你的竞争对手没有的概念是否重要？它们会给你的软件带来优势，还是增加不必要的复杂性？

你的竞争对手拥有而你没有的概念是否会对你的软件构成威胁？你是否采用了行业内广泛使用的概念？如果是，这些概念是会使新客户对你的软件更容易上手，还是会让你陷入过去软件的某个错误？

如果你是交互设计师和产品经理

许多战略家和技术顾问的问题也适用于交互设计师和产品经理，但交互设计师和产品经理还需要关注单个概念的设计和实现问题，以及概念的可用性问题。

传达给用户的概念是否一致

你的软件是否通过它的用户界面、用户手册和帮助指南等支持材料，将概念成功地传达给了用户，使概念模型与用户的心智模型相匹配？请查看用户界面和所有支持材料中描述软件功能的方式。这些软件的概念是否保持一致？概念和目的是否有通用的词汇表？

如何解释概念

软件及其相关的支持材料是否围绕概念系统性地得到组织？支持材料是否解释了每个概念的目的？你有时是否会陷入这样的陷阱：只详细解释一个概念的行为，却没有解释行为的目的？你是否提供了有说服力的使用场景？使用场景是否强调了操作原则，令人信服地展示了每个概念实现其目的的设计方式？

是否有可用性问题

你能通过用户反馈和技术支持请求识别出软件主要的可用性问题吗？你能确定每个问题对应交互设计的哪个层次吗？

软件都有哪些概念

作为一名设计师，你无疑对软件及其特征有深刻的了解。把设计中的优点、缺点或介于两者之间的方面列成一张表。填写完表格后检查每一项，并将每一项分配到一个设计层次。对于那些处于概念层次的项目，命名其中的主要概念。

是否有冗余概念

软件中是否有与其他概念接近的冗余概念（如 Gmail 的分类概念）？是否可以通过消除一个概念并扩展另一个概念来涵盖被消除的概念的功能，以此来简化设计？

是否有概念过载

是否有一些概念似乎有多个目的，就像旧版本的 Photoshop 中的裁剪概念一样？如果是这样，这可能就是出现可用性问题的原因。

你发现过一个概念的不同目的相互冲突的场景吗？如果没有，你能否设定一个连贯而令人信服的目的，将那些明显不同的目的包含在内，从而证明这个概念没有过载？

概念可以被分解吗

对于更复杂的概念，特别是那些过载的概念，看看是否可以将它们分解成多个概念，让每个概念都有更简单、更令人信服的目的，就像我们处理 Faccbook 的点赞概念一样。这样做会让你有可能在软件中更统一、更广泛地使用某个概念。例如通知概念，你是否可以提供更多种类的事件通知，并让用户控制通知的发生？

是否有效使用了熟悉的概念

对于软件中的每个概念，问问自己是否有一个更熟悉的概念可以取代它。你的概念是否与现有的、更熟悉的概念有接近的目的，就像 Power Point 的节概念？

如果是，用更熟悉的同类概念取代它们会有什么损失吗？如果你确定使用一个不熟悉的概念是合理的，那么用户是否清楚和理解它与更熟悉的概念之间的不同之处呢？

208

概念是如何同步的

哪些概念可以通过同步联系在一起？你能画出同步图来显示哪些操作是绑定在一起的吗？你的同步实现了什么类型的组合，自由组合、合作组合还是协同组合？你的设计效能有多少来自同步，有多少来自概念本身？

是否存在同步不足的情况

在同步不足的情况下，你是否可以通过增加概念之间的同步来为用户省去一些手动操作？这种同步是否可以作为默认设置提供给新手用户，或以自定义的方式提供给资深用户？

是否存在同步过度的情况

是否存在概念同步过于紧密，从用户那里夺走太多控制权的情况？保持概念间更多的正交性，也就是更松散的同步，是否可为用户提供更精细的控制方式，使概念中的现有功能可用？

是否在利用协同效应

现有的概念组合是否创造了协同效应，即一个概念是否能够放大另一个概念的力量，就像废纸篓或者文件夹的例子一样？你能找到其他的协同机会吗？可以这样思考这一问题：能否调整一个概念的行为，比如稍微归纳一下，从而使它包含另一个概念的一些行为？

概念是否能有效地映射到用户界面

　　用户界面是向用户直接展示概念，还是通过复杂的控件来体现概念？用户能否轻松理解并掌握有关操作及其参数的选择？每个概念的状态是否对用户可见？用户界面是否不仅提供单个概念操作，而且提供用户可能需要的更复杂的操作序列？

是否分析过概念的依赖关系

　　为软件中的所有概念构建一个依赖关系图。每个概念就其所依赖的概念而言是否有存在的合理性？依赖关系图是否显示出为了简化软件而忽略的概念？

概念是否可以完整地组合在一起

　　每个概念单独来看都是合理的，但当与软件中的其他概念组合在一起时，单个概念的合理性可能会被削弱。设计是否保证了每个概念的完整性？或者用户对一个概念的理解是否会因为另一个概念的干扰而发生微妙的变化？

概念的知识是否有安全的文档记录

　　一个概念设计可能经过多年的演变，积累了几代设计师的大量修正和完善。如果这些知识只能体现在代码中，那么一旦一个新程序员没有意识到其中的微妙之处而修改了这些代码，这些知识就会丢失，就像苹果 Numbers 中区域概念的命运那样。

因此记录一个软件的设计知识是很重要的，从中可以跟踪一个概念的发展。精简的概念目录或手册可以让这些概念在不同软件之间共享，并帮助新设计师快速上手。

如果你是支持材料编写者、培训师和营销人员

下列问题适用于那些提供支持材料的人。用户可以通过这些材料熟悉软件并在遇到困难时寻找解决之道。

支持材料是否围绕概念组织

用户手册、帮助指南和技术支持是否围绕关键概念得到组织？同一概念的操作在不同支持材料中的解释是否一致？

概念是否具有清晰明确的目的

在介绍一个概念时，你是否解释了这个概念为什么存在和它的作用？你给出的目的是否符合既定的标准，比如有说服力、以需求为中心、具体以及可评估？你是否避免使用容易误导用户的隐喻？

概念的操作原则是否能解释清楚

为了解释一个概念，你是给出一个令人信服的操作原则，还是只列出概念行为，让用户去弄清楚典型的使用场景是什么？

概念的解释是否合理

如果你的支持材料是有顺序的，它们是否按照与依赖关系图一致的顺序呈现概念，以便每个概念在介绍给用户时不需要依赖尚未被解释的概念进行理解？

如果你是程序员和架构师

上述关于概念、概念的目的及其关系的问题对实现者来说也是最基本的问题。依赖关系图可以用于划分开发阶段，也可用于规划版本升级路线。

哪些概念集合可用于构建最小可行产品

当然，这对战略家也是一个至关重要的问题，但它对实现者尤其重要，因为他们可以更方便地评估构建概念的成本。

哪些概念实现起来很有挑战性

能确定哪些概念是最难实现的吗？哪些概念的状态最复杂，或者哪些概念包含的数据量可能会给软件性能带来挑战？有没有概念的操作原则暗示了可能需要分布式共识算法来解决一致性问题？如果是这样，最终的一致性能否满足用户需求？

能避免重蹈覆辙吗

如果你正在实现一个熟悉的概念，能否在自己的团队或其他地方找到该概念已有的实现方式，从而为你提供指导并帮助你避免已知的问题？

是否在适当的地方使用了标准库概念

你是否发明了一个需要非标准库或插件的概念，而标准库概念也可能达到同样的效果？你想要设计的概念是否已经有了一个不错的实现方式，甚至值得调整概念的设计以适应这一实现方式？

概念是否尽可能通用

设计中的概念是否使用了不必要的特殊数据类型，是否可以采用更加通用的表达方式？例如，如果设计中有评论这个概念，那么评论的目标是任何项目，还是始终只是帖子或文章？

能否将概念模块化

如果你的设计将概念纠缠在一起，这种缺乏模块化的实现方式是否真的合理？如果你成功地将概念模块化了，那么概念之间是否存在可以消除的代码依赖关系，使得概念更容易被修改和重用？

概念之间是否存在复杂的同步

如果软件依赖的概念之间存在多种同步方式，是否会增加代码的复杂性？如果是，是否有更好的方法来组织软件，例如使用事件总线或隐式调用架构，或使用回调和依赖注入等方式？

有些概念操作是否涉及复杂的条件

有些概念操作是否对其参数进行了精细的控制，或者具有复杂的附带条件的控制流？如果是这样，这可能是一个有问题的概念。这样的操作是否暗含了在同一概念中有多种操作（取决于所提出的参数）？分解概念能简化这些操作吗？概念间缺乏同步是否会导致必须处理的不一致状态？

如果你是研究人员和软件哲学家

我还在进一步完善概念理论，有许多重要的问题还没有解决。也许你们中的一些人会受到启发，接受挑战，帮助建立一个更完整的概念设计理论和方法。为此，下面我列出一些目前悬而未决的问题。

概念目录应该如何构建

概念目录或手册既有助于设计师记录他们的专业知识，也可使新手更容易获得这些专业知识。概念目录对概念的重用也大有裨益，能够帮助设计师避免已知的陷阱。这样的目录应该如何组织？应该针对特定领域，例如社交媒体软件概念目录或银行软件概念目录，还是应该强调跨领域的概念？

是否存在复合概念

我前面已经描述了如何将概念组合在一起，以及如何将一个过载概念分解为多个概念。当一个概念被分解成更小的概念时，这个概念是否仍然拥有自身的权益和目的呢？

是否存在不同种类的目的

我已经给出了评判一个目的好坏的标准，也指出可以通过一致性测试来确定一个目的是不是多重的。但我忽略了当目的在设计中扮演不同的角色时可能存在的一些重要区别。正如我前面所述，一个概念的目的决定了是否应当设计该概念。但是否设计该概念需要考虑两件不同的事情：一个是该概念是否能带来一般性的好处；另一个是与其他被使用的概念相比，该概念有什么特殊好处。

例如，标签概念和文件夹概念的目的都是整理文件，这个目的使得它们都可以被纳入设计，但只有标签概念才有过滤文件的目的。我不清楚概念之间存在这种细微差别时，是可以说它们有不同的目的，还是说它们是具有不同的特性的相同目的。

通用概念的实例化会产生什么问题

我认为概念应该尽可能采用通用的表述形式。这样做可以让你获得设计的精髓，消除特定领域的复杂性，以免产生不必要的非常规概念和陌生概念。通用概念的组合使用相当于概念的实例化。例如，当废纸篓概念与电子邮件概念组合在一起时，垃圾邮件箱就变成了一种废纸篓。是否有一种系统的方法可以将应用于特定领域的概念及其目的抽象为通用概念？

通用概念的实例化可能需要与特定领域的概念组合使用。例如在餐厅预订系统中，一般的预订概念可能需要与桌子概念组合在一起使用。谷歌地图的预订 API（应用程序编程接口）就采用了这种结构，将一张可容纳 4～6 人的桌子转换为 3 个不同的抽象资源。这是一种特殊的组合吗？它的背后是否有一般性的原则？

操作同步是否足够

本书中的概念组合完全依赖操作同步，那么是否也应该允许概念与状态同步？例如，废纸篓概念和文件夹概念或许可以成为一个不变的同步组合，将废纸篓中的项目与垃圾文件夹中的文件相关联。

如何阐述映射原则

是否有评估映射的通用原则？这些原则可能是用户界面设计中众所周知的原则，但可以更直接地处理映射与概念的联系。例如，研究人员已经探索了状态可见性的概念（特别是关于隐藏模式），但通常仅限于对单个状态机进行简单的设置。一个由概念组成的软件应该采用什么样的可见性规则？

关于用户行为的假设在概念设计中扮演什么角色

有些概念只有在用户做出某种特定行为时才能实现其目的。例如，只有当用户设置高强度密码、记住自己的密码并且不共享密码时，密码概念才能提供有效的身份验证。这些关于用户行为的假设可以成为概念操作原则的先决条件吗？

概念可以实现完全模块化吗

概念设计引入了一种新的编程风格。我解释了为什么传统的面向对象的编程风格通常会导致不希望出现的耦合，会经常产生依赖关系完全错误的结构。将概念直接模块化可能会产生更灵活和更易解耦的代码库。什么样的模块化机制能够允许更灵活的概念同步和组合呢？

微服务架构可能是实现概念的一个有用基础，其中每个微服务架构代表一个单独的概念，或许被称为"纳米服务"更合适。那么，纳米服务与微服务有什么不同？它们是否可以按照我描述的方式同步，而不需要通常的依赖关系，即一个服务的内部调用另一个服务的 API？

可以在代码中检测到概念设计缺陷吗

不规范的概念不仅让用户困惑，也让程序员困惑。在处理软件中的概念设计问题时，我经常发现软件崩溃或出现其他与手头设计问题并不直接相关的故障。

我怀疑当概念不清楚时，代码就会更混乱和有更多缺陷。当然，这是我自己编写代码的经验。在源代码挖掘或静态分析时可以利用代码库中的文件与概念的映射关系吗？设计上的概念混淆是否可以通过较高的代码缺陷率来预测？概念设计缺陷是否表明代码中有值得更仔细检查的地方？

概念能否应用于 API 设计

根据定义，概念是面向用户的。但是，程序内部使用服务或 API 时产生的许多问题与用户面对的问题很相似。从概念设计的角度来看，是否可以将堆栈中某层的程序视为较低层概念的"用户"？如果是这样，概念设计原则是否可以应用到代码设计中？

致我们所有人

除了以上专业人员，当其他人在努力理解一个不太容易理解的软件或特性时，我希望本书的思想也能有所帮助。也许做一点概念分析就能知道是怎么回事了。它至少能使我们的日常技术讨论更有根据和实质性，并帮助我们更清楚地看到通向更好设计的道路。

致 谢

几年前，我把这本书的草稿分享给一位同事。他说这本书相当不错，但需要"几次修改"。我礼貌地笑了笑，心想：写一次就够难了，重写简直要我的命。但是他温和地坚持这本书需要修改。最终证明他是对的，我重写了三遍。当然这本书仍然远非完美，但我已尽力解释了我的思想，现在轮到作为软件研究人员、设计者和爱好者的你们一起加入这场对话了。

如果不是朋友和同事不断提出深刻的批评，以及他们认为这本书值得坚持下去，我可能永远不会有动力坚持这么多年来完成这本书，要知道这本书的第一版草稿写于 2013 年。他们为这本书的结构和重点贡献了很多想法。事实上，那些从头到尾完整阅读本书的人，他们的包容和毅力令我感到惊讶，他们有的读了还不止一次。迈克尔·科布伦茨（Michael Coblenz）、吉米·科佩尔（Jimmy Koppel）和迈克尔·希纳（Michael Shiner）几乎在每一页都给了我大量的评论。凯瑟琳·金（Kathryn Jin）、杰弗里·利特（Geoffrey Litt）、罗伯·米勒（Rob Miller）、阿文德·萨蒂亚纳拉扬（Arvind Satyanarayan）、萨拉·武（Sarah

Vu）、希勒尔·韦恩（Hillel Wayne）和帕梅拉·扎夫（Pamela Zave）给了我很好的建议。乔纳森·奥尔德里奇（Jonathan Aldrich）、汤姆·鲍尔（Tom Ball）、埃米·科（Amy Ko）以及哈罗德·蒂姆布莱比（Harold Thimbleby）不仅给出了细致的意见，而且在我参照他们绝妙的意见对书重新修改之后，他们再次阅读了一遍。

这本书也经过了家庭"试用"：我的儿子阿基瓦·杰克逊（Akiva Jackson）提出了一系列出色的改进建议，很难想象他没有经历过正规的计算机科学方面的教育；我的大女儿丽贝卡·杰克逊（Rebecca Jackson）已成为我所有内容的非官方编辑，她的文字魔法让我受益匪浅；小女儿蕾切尔·杰克逊（Rachel Jackson）贡献了她对排版和书籍设计的精湛眼光。

对于书中那些并没有获得授权就采用的思想，我要表示歉意和感谢。除了我在附录中引用的许多同事的思想，我还要特别感谢圣地亚哥·佩雷斯·德罗索（Santiago Perez De Rosso），他是第一个对我概念的想法表示赞同的人；他创建了 Gitless，这是基于概念想法设计的第一个重大系统；并且其中的 Déjà Vu 系统体现了我们共同提出的概念同步的早期形态。

我的编辑哈莉·斯特宾斯（Hallie Stebbins）给了我出色的指导建议，为我在出版本书的道路上导航前行，她从一开始就是本书的坚定拥护者；比沙姆·比尔瓦尼（Bhisham Bherwani）是一位细致的文字编辑。我的策划编辑珍妮·沃尔科维奇（Jenny Wolkowicki）一路引导着我完成这本书，关注书中每一个细节，并且宽容地忍受与一位坚持自己设计书的作者打交道。我的朋友克尔斯滕·奥尔森告诉我不要把出书看成制作艺术品，而是要看作与不断扩大的同事和朋友圈的一次对话与合作。

正如那些熟悉当今计算机科学文化的人所了解的，本书开展的研究并不容易获得资金，因此我特别感谢新加坡科技与设计大学和麻省理工学院的国际设计中心及其主任约翰·布里森（John Brisson）、乔恩·格里菲斯（Jon Griffith）

和克里斯·马吉（Chris Magee）五年多来一直陪伴并支持着我。

我把这本书献给我非凡的父母。我的母亲朱迪·杰克逊（Judy Jackson）写了很多书，做了很多项目，对我所有的事都表现出永不磨灭的热情，她一直激励着我。我的父亲迈克尔·杰克逊教会了我很多关于软件的知识，我几乎无法分清哪些是他的想法，哪些是我在他的基础上形成的想法。我们经常谈论软件设计及其历史，以及电梯和动物园投币式旋转门的设计。

谢谢你们所有人。最后想对我的妻子也是最大的支持者克劳迪娅·马尔巴赫（Claudia Marbach）说："我完成了。"非常感谢你的智慧、耐心和鼓励，现在我准备休息了，我已经承诺你这么久……

　　考虑到环保的因素，也为了节省纸张、降低图书定价，本书编辑制作了电子版的附录及参考文献。请扫描下方二维码，直达图书详情页，点击"阅读资料包"获取。

未来，属于终身学习者

我们正在亲历前所未有的变革——互联网改变了信息传递的方式，指数级技术快速发展并颠覆商业世界，人工智能正在侵占越来越多的人类领地。

面对这些变化，我们需要问自己：未来需要什么样的人才？

答案是，成为终身学习者。终身学习意味着永不停歇地追求全面的知识结构、强大的逻辑思考能力和敏锐的感知力。这是一种能够在不断变化中随时重建、更新认知体系的能力。阅读，无疑是帮助我们提高这种能力的最佳途径。

在充满不确定性的时代，答案并不总是简单地出现在书本之中。"读万卷书"不仅要亲自阅读、广泛阅读，也需要我们深入探索好书的内部世界，让知识不再局限于书本之中。

湛庐阅读 App: 与最聪明的人共同进化

我们现在推出全新的湛庐阅读 App，它将成为您在书本之外，践行终身学习的场所。

- 不用考虑"读什么"。这里汇集了湛庐所有纸质书、电子书、有声书和各种阅读服务。
- 可以学习"怎么读"。我们提供包括课程、精读班和讲书在内的全方位阅读解决方案。
- 谁来领读？您能最先了解到作者、译者、专家等大咖的前沿洞见，他们是高质量思想的源泉。
- 与谁共读？您将加入优秀的读者和终身学习者的行列，他们对阅读和学习具有持久的热情和源源不断的动力。

在湛庐阅读 App 首页，编辑为您精选了经典书目和优质音视频内容，每天早、中、晚更新，满足您不间断的阅读需求。

【特别专题】【主题书单】【人物特写】等原创专栏，提供专业、深度的解读和选书参考，回应社会议题，是您了解湛庐近千位重要作者思想的独家渠道。

在每本图书的详情页，您将通过深度导读栏目【专家视点】【深度访谈】和【书评】读懂、读透一本好书。

通过这个不设限的学习平台，您在任何时间、任何地点都能获得有价值的思想，并通过阅读实现终身学习。我们邀您共建一个与最聪明的人共同进化的社区，使其成为先进思想交汇的聚集地，这正是我们的使命和价值所在。

CHEERS

湛庐阅读 App
使用指南

读什么

· 纸质书
· 电子书
· 有声书

与谁共读

· 主题书单
· 特别专题
· 人物特写
· 日更专栏
· 编辑推荐

怎么读

· 课程
· 精读班
· 讲书
· 测一测
· 参考文献
· 图片资料

谁来领读

· 专家视点
· 深度访谈
· 书评
· 精彩视频

HERE COMES EVERYBODY

下载湛庐阅读 App
一站获取阅读服务

The Essence of Software: Why Concepts Matter for Great Design by Daniel Jackson

Copyright © 2021 by Princeton University Press

All rights reserved. No part of this book may be reproduced or transmitted in any form or by any means, electronic or mechanical, including photocopying, recording or by any information storage and retrieval system, without permission in writing from the Publisher.

本书中文简体字版经授权在中华人民共和国境内独家出版发行。未经出版者书面许可，不得以任何方式抄袭、复制或节录本书中的任何部分。

版权所有，侵权必究。

图书在版编目（ＣＩＰ）数据

　　软件设计的要素：为什么概念对伟大的设计很重要 /
（美）丹尼尔·杰克逊（Daniel Jackson）著；何雯，赵
丹译. -- 杭州：浙江教育出版社，2024.6
　　ISBN 978-7-5722-7919-5

　　Ⅰ．①软… Ⅱ．①丹… ②何… ③赵… Ⅲ．①软件设
计 Ⅳ．①TP311.5

中国国家版本馆CIP数据核字(2024)第100883号

浙江省版权局
著作权合同登记号
图字:11-2024-084号

上架指导：管理／工程师思维

版权所有，侵权必究

本书法律顾问　北京市盈科律师事务所　崔爽律师

软件设计的要素：为什么概念对伟大的设计很重要
RUANJIAN SHEJI DE YAOSU: WEISHENME GAINIAN DUI WEIDADE SHEJI
HENZHONGYAO

［美］丹尼尔·杰克逊（Daniel Jackson）　著

何雯　赵丹　译

责任编辑：陈　煜

美术编辑：韩　波

责任校对：胡凯莉

责任印务：陈　沁

封面设计：ablackcover.com

出版发行：浙江教育出版社（杭州市环城北路 177 号）

印　　刷：石家庄继文印刷有限公司

开　　本：720mm ×965mm 1/16

印　张： 15.50		**字　数：** 236 千字	
版　次： 2024 年 6 月第 1 版		**印　次：** 2024 年 6 月第 1 次印刷	
书　号： ISBN 978-7-5722-7919-5		**定　价：** 99.90 元	

如发现印装质量问题，影响阅读，请致电 010-56676359 联系调换。